北京城市副中心城市绿心森林公园规划设计

北京市园林绿化局
北京城市副中心投资建设集团有限公司
北京市园林古建设计研究院有限公司
主编

中国建筑工业出版社

图书在版编目（CIP）数据

北京城市副中心城市绿心森林公园规划设计 / 北京市园林绿化局，北京城市副中心投资建设集团有限公司，北京市园林古建设计研究院有限公司主编. -- 北京：中国建筑工业出版社，2021.10

ISBN 978-7-112-26624-1

Ⅰ.①北… Ⅱ.①北…②北…③北… Ⅲ.①城市-森林公园-园林设计-北京 Ⅳ.①TU986.5

中国版本图书馆CIP数据核字（2021）第191840号

责任编辑：杜 洁 李玲洁
责任校对：李美娜

北京城市副中心城市绿心森林公园规划设计
北 京 市 园 林 绿 化 局
北京城市副中心投资建设集团有限公司 主编
北京市园林古建设计研究院有限公司
*
中国建筑工业出版社出版、发行（北京海淀三里河路9号）
各地新华书店、建筑书店经销
北京富诚彩色印刷有限公司印刷
*
开本：965毫米×1270毫米 1/16 印张：12¾ 字数：366千字
2021年10月第一版 2021年10月第一次印刷
定价：180.00元
ISBN 978-7-112-26624-1
（38063）

编 委 会

序　一

规划建设北京城市副中心是以习近平同志为核心的党中央做出的重要决策，是疏解北京非首都功能、推动京津冀协同发展的重大战略举措，是千年大计、国家大事。

北京城市副中心着力打造国际一流的和谐宜居之都示范区、新型城镇化示范区和京津冀区域协同发展示范区。建设绿色城市、森林城市、海绵城市、智慧城市、人文城市、宜居城市，使城市副中心成为首都一个新地标。

在北京城市副中心规划形成的“一带、一轴、多组团”城市空间结构中，城市绿心位于生态文明带和创新发展轴的交汇处，是北京城市副中心重点功能区之一。其承担着复合的城市功能，既是生态治理示范区，又是开放共享的市民活力中心，同时也是体现东方智慧的文化聚集区。

城市绿心森林公园体现了“生态绿心、活力绿心、文化绿心、城市绿心”功能的重要载体。在国际方案征集基础上形成的整合实施方案，充分遵循了“世界眼光、国际标准、中国特色、高点定位”的副中心规划建设要求，描绘了一幅蓝绿交织、清新明亮、水城共融的人与自然和谐共生的生态文明美丽画卷。

2017 年 2 月 24 日，中共中央总书记、国家主席、中央军委主席习近平在北京考察时强调，北京城市副中心建设要高度重视绿化、美化，增强吸引力。2018 年和 2019 年，习近平总书记连续两年到城市绿心森林公园参加首都义务植树活动。

城市绿心森林公园规划全面落实习近平生态文明思想，把生态功能放在首位，利用多种手法探索近自然城市森林的营造，积极实践人工造林与自然恢复相结合的生态营林方式。坚持保护优先原则，保留场地内原有大树 6000 余株，开创了北京城市市区包容大面积森林的示范；绿心森林公园体现适地适绿原则，共种植乔木及亚乔木 166 种，13.2 万株，乡土树种占比超过 80%，突出“乡土、食源、抗逆、长寿、景观”的北京生态地理类型树种的选择特色；在东方化工厂旧址改造利用中采用以自然恢复为主的人工促进修复方法进行土壤修复，在老工业遗址利用方面打造了回归传统工业文化景观的乡愁；创新性地提出了生态保育核的概念，将场地再生、生态保育、森林游憩和科普展示的时代内容融入其中；运用海绵城市理念实现雨水综合利用，通过地形营造因势利导满足五十年一遇的雨水自行蓄滞、待机排水的规划要求，实现 105 万 m^3 蓄水量的科学安全循环利用。城市绿心森林公园的建设使城市绿心组团成为北京城市副中心的城市之肺与城市之肾，其巨大的生态效益将日益得到彰显。

城市绿心森林公园在建设城市森林的同时把人与森林紧密结合起来，使市民能够充分享受绿色发展成果。5.5km 的星形步行绿道，满足了市民跑步、骑行、健身的需求。建设具有休闲、健身、科普等功能的游客服务中心 5 处、驿站 3 处。建设多处不同尺度的森林林窗以及体育运动功能区，为游人的绿色休闲提供了更多的选择与可能。城市绿心森林公园形成了林中有园、林园结合的大尺度绿色空间建设模式，很好地平衡了生态与休闲的关系。

北京城市副中心城市绿心森林公园是继 2008 年北京奥林匹克森林公园建设之后，又一处服务市民的城市内部大尺度风景园林的创新之作。希望设计师们再接再厉，立足新发展阶段，贯彻新发展理念，总结好此次森林公园建设的规划设计理念、经验与适用技术，为城市绿色空间、公园绿地高质量建设发展不断提供新思路，创造新业绩。

中国工程院院士

北京林业大学原校长

2021 年 8 月 8 日

序 二

北京城市副中心城市绿心森林公园是北京城市副中心“两带、一环、一心”的绿色空间结构中重要的组成部分，位于创新发展轴和生态文明带的交汇处，占地面积约 11.2km^2。是继北京奥林匹克森林公园之后，又一处彰显北京园林绿化成就的大型城市森林公园。

城市绿心森林公园的规划建设充分展现出风景园林师在生态文明建设、人居环境建设和城市森林营造等方面的责任与担当，其意义与价值可以概括为：

城市绿心森林公园是北京推进森林城市建设目标的重要载体：

2004 年国家森林城市建设工作正式启动，目前全国已有 194 个城市被授予“国家森林城市”称号。北京市委、市政府高度重视创建国家森林城市工作，坚决贯彻习近平总书记“要着力开展森林城市建设”的重要指示。编制实施《北京森林城市发展规划》，提出了“绿美京华，北京森林”的总体定位，科学谋划出北京森林城市建设的新蓝图。城市绿心森林公园的建设加速推进了北京市森林城市建设目标的实现，促进了平原城区通州区的森林城区创建工作。

城市绿心森林公园是以人民为中心公园城市理念的在地展示：

2018 年春节前夕，习近平总书记视察成都天府新区时强调：“天府新区一定要规划好建设好，特别是要突出公园城市特点，把生态价值考虑进去”。2018 年 4 月，习近平总书记参加首都义务植树活动指出：“一个城市宜居啊，整个城市都是一个大公园，老百姓走出来啊，就都像是在自己的家里的花园一样”。公园城市成为一个新的城市发展理念，对我国城市生态和人居环境建设提出的更高要求，是对森林城市、园林城市建设内涵的深化和拓展。

城市绿心森林公园的规划目标之一是展示生态文明的市民活力中心，在规划定位中体现营造功能复合开放共享的市民活力中心。这种目标和定位充分体现出风景园林师坚持以人民为中心的初心，实现了由过去“在城市里建公园”转变为现在“在公园里建城市”的公园城市的建设理念。

城市绿心森林公园是贯彻落实科学绿化的生动实践：

2021 年国务院办公厅颁布关于科学绿化的指导意见强调要坚持保护优先、自然恢复为主，人工修复与自然恢复相结合的原则。坚持因地制宜，构建健康稳定的生态系统的原则。

城市绿心森林公园规划建设充分贯彻落实了科学绿化的理念，注重生态修复、海绵绿地、节约型绿地的营造。高度重视树种丰富度和生物多样性，构建出“复层、异龄、混交”的近自然植物群落，形成稳定的森林生态系统。为鸟类等野生动物供应食源、隐蔽场合和迁徙通道，也为游人提供休闲游憩、健身疗养、体验教育等空间。

城市绿心森林公园是文化传承创新发展的积极探索：

城市绿心森林公园规划理念充分体现出对于传统文化创造性传承和创新性发展的积极探索。规划文化定位为东方智慧与中华文脉的文化集聚区，展现传统农耕文化、传承传统造园文化、融入地域运河文化。充分体现出风景园林规划引领，科学性与艺术性融合的特点，形成以文化铸魂的大型城市森林公园。

《北京城市副中心城市绿心森林公园规划设计》这部专著出版凝聚了参与公园设计的各家单位设计师的智慧和心得，展现出在绿心森林公园规划建设方面的丰硕成果。对于提升我国风景园林规划建设水平具有重要的借鉴意义。在此衷心祝贺本书的出版。

北京林业大学副校长

中国风景园林学会副理事长

2021 年 8 月 19 日

前言

城市绿心森林公园规划建设是继北京奥林匹克森林公园后又一处重要的大尺度绿色开放空间建设项目，绿心森林公园的建设具有十分重要的代表性与引领性。

风景园林设计师在城市绿心规划阶段即加入多技术团队组成的城市绿心规划建设工作营，为城市绿心规划提供咨询与建议。在项目实施阶段更在深入工地指导园林施工的同时，与同期推进的市政道路、水利等专业积极协调对接，用风景园林学科思维引导相关专业，积极参与到城市设计工作中。

城市绿心森林公园从2018年6月国际规划设计方案征集到2020年9月建成开园，共历时近27个月，先后有9家设计单位、100余位风景园林师参加了公园的规划设计工作。在北京市园林绿化局、北京城市副中心投资建设集团有限公司领导的大力支持下，无论是在城市绿心森林公园规划设计阶段，还是项目建设实施过程中，各个设计单位及施工单位，众志成城，群策群力，克服了突如其来的2019年新冠肺炎疫情带来的种种困难与挑战，保质保量完成了各项工作，使城市绿心森林公园如期建成，顺利开园。

风景园林事业薪火相传，为了更好地总结和集成政府重大项目规划设计创新成果，由参与城市绿心森林公园规划设计的设计单位共同编写了《北京城市副中心城市绿心森林公园规划设计》一书。本书是各家设计单位集体智慧的结晶，凝结着百余位风景园林师团结奋斗的心血和汗水，是全体城市绿心森林公园建设者同心协力、积极支持与配合的成果。全书共分为上、中、下三篇，即综述篇、国际方案征集篇、规划设计篇三大部分。综述篇分析了城市绿心规划建设背景、功能定位，并系统总结了绿心规划设计与绿色科技集成创新成果；国际方案征集篇介绍了6个应征方案内容；规划设计篇通过文字叙述、图纸说明、实景照片展示等内容，详尽、具体、生动、图文并茂地归纳总结了城市绿心森林公园规划设计成果。

参与城市绿心森林公园规划设计的团队在实践基础上，在繁忙的设计工作中，针对落地实施后的项目认真系统地总结经验，开展研究工作，实属不易。在此向他们表示诚挚的感谢，也衷心希望他们再接再厉，理论与实践相结合，创作出更多、更好的风景园林作品。

最后，衷心感谢中国工程院尹伟伦院士、北京林业大学李雄教授百忙之中为本书作序。

张新宇

2021年6月

目　录

上篇　综述

中篇　国际方案征集

下篇 规划设计

上篇　综述

1 城市绿心森林公园规划建设背景

中共中央政治局2016年5月27日召开专题会议，研究部署规划建设北京城市副中心和进一步推动京津冀协同发展有关工作。会议强调，要遵循城市发展规律，牢固树立并贯彻落实创新、协调、绿色、开放、共享的发展理念，坚持世界眼光、国际标准、中国特色、高点定位，以创造历史、追求艺术的精神进行北京城市副中心的规划设计建设，构建蓝绿交织、清新明亮、水城共融、多组团集约紧凑发展的生态城市布局，着力打造国际一流和谐宜居之都示范区、新型城镇化示范区、京津冀区域协同发展示范区。要坚持以人民为中心的发展思想，坚持人民城市为人民，从广大市民需要出发。要广泛应用世界先进节能环保技术、标准、材料、工艺，建成绿色城市、森林城市、海绵城市、智慧城市。要坚持统筹规划生产、生活、生态空间布局，使工作、居住、休闲、交通、教育、医疗等有机衔接、便利快捷。要充分体现中华元素、文化基因，也要借鉴其他文化特色。2018年12月27日，中共中央、国务院关于对《北京城市副中心控制性详细规划（街区层面）（2016年—2035年）》（以下简称《城市副中心控规》）的批复正

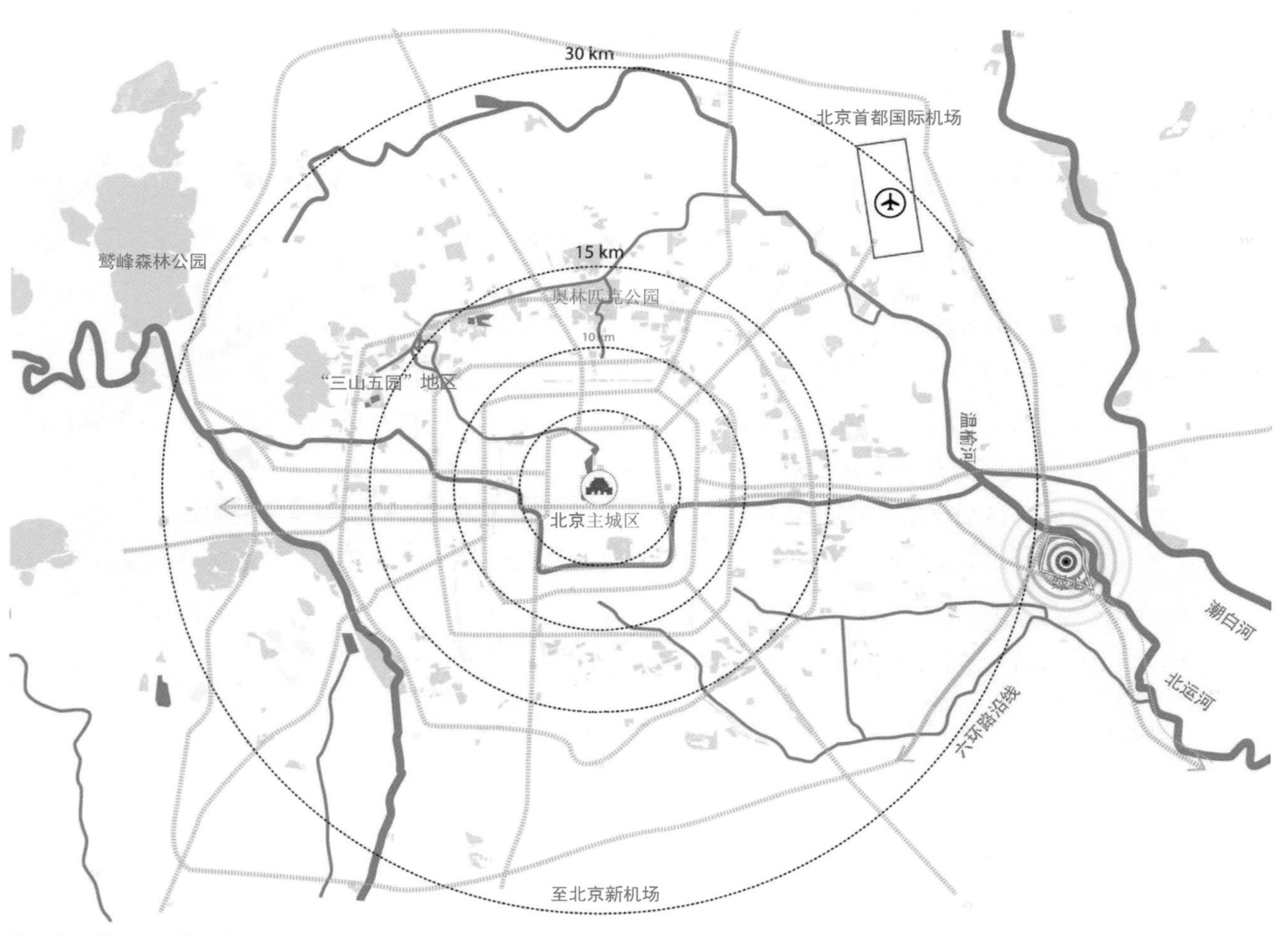

北京中心城区－通州副中心－绿心区位关系分析

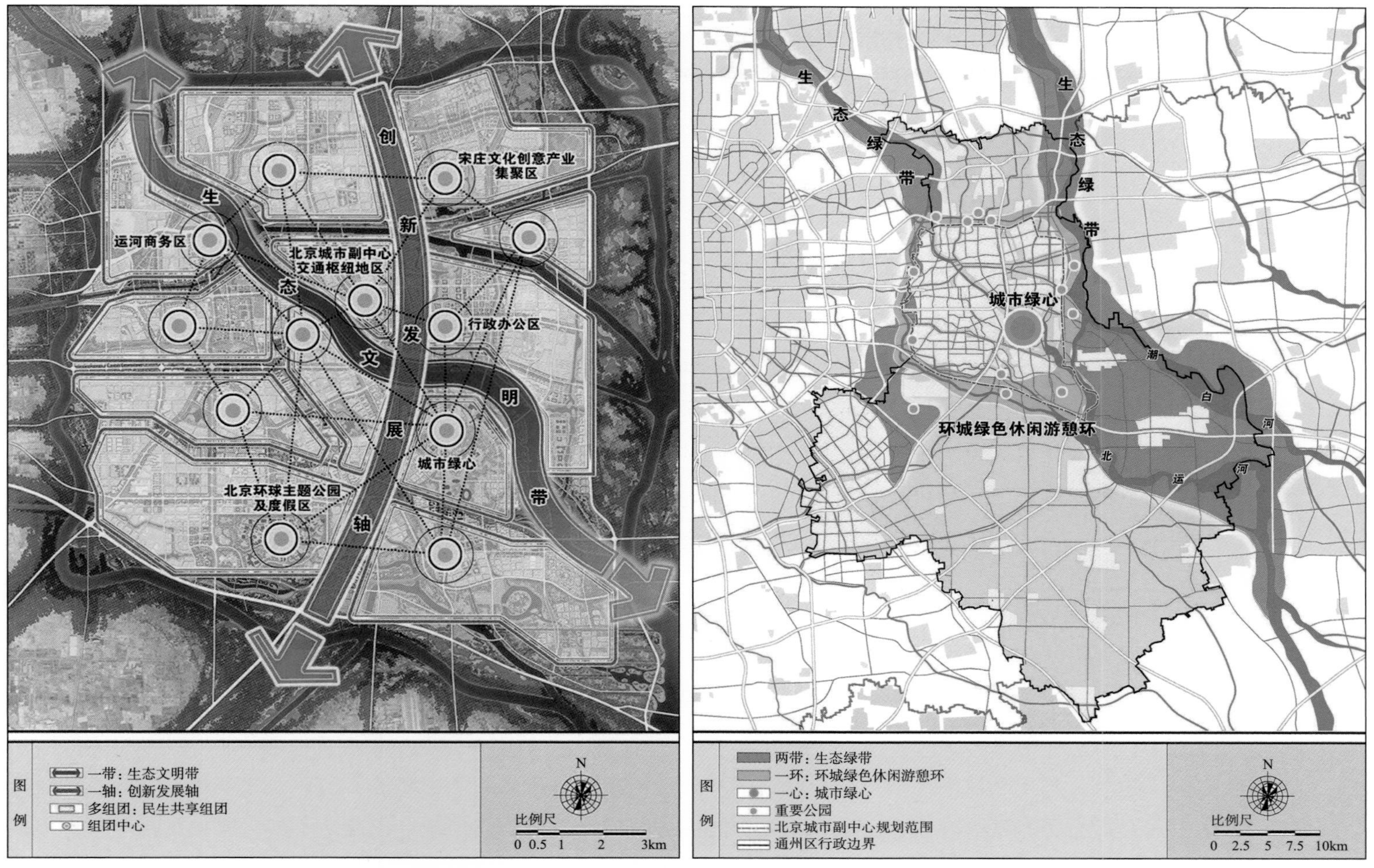

北京城市副中心空间结构规划图（北京城市总体规划 2016 年—2035 年）　北京城市副中心绿色空间结构规划图（北京城市总体规划 2016 年—2035 年）

式发布，批复指出：“规划建设城市副中心，与河北雄安新区形成北京新的两翼，是以习近平同志为核心的党中央做出的重大决策部署，是千年大计、国家大事。”《城市副中心控规》提出：城市副中心要形成“一带、一轴、多组团”的城市空间结构；要建设大尺度生态绿化，率先建设好城市绿心，实现森林入城，为人民群众提供更多优质便利的休闲游憩绿色空间。

“一带”是以大运河为骨架，构建城市水绿空间格局，形成一条蓝绿交织的生态文明带；一轴是沿六环路形成创新发展轴。城市绿心位于生态文明带和创新发展轴的交汇处，是北京城市副中心十二个组团之一。城市绿心，规划范围西至现状六环路，南至京津公路，东、北至北运河，总规划面积约 11.2km^2，其中新建城市绿心森林公园面积 5.56km^2。

2 城市绿心森林公园功能定位

《城市副中心控规》明确城市绿心规划目标为：彰显东方智慧和展示生态文明的市民活力中心。作为城市绿心重要空间载体的绿心森林公园在规划设计和建设实施中，秉承上位规划的目标和定位，将功能定位为生态绿心、活力绿心、文化绿心。

2.1 生态绿心：集多种措施于一体的生态治理示范区

原东方化工厂区域，规划构建成为生态保育核。采用覆土等技术方式进行污染治理，同时采用以自然恢复为主的育林方式修复该区域的生态环境。通过限制游人进入的管理方式，减少人为因素对环境的干扰，生态环境自然恢复的同时，将形成安全多样的小动物栖息场所。

城市绿心森林公园以实现森林入城为目标，采用人工造林与自然恢复相结合的措施。城市绿心森林公园整体结构为“一核、两环、三带、多组团”，除生态保育核外，其他区域均采用人工营林的方式。场地内保留原有大树6000余株，种植乔木及亚乔木166种，13.2万株，树种选择突出“乡土、食源、抗逆、长寿、景观”的原则，乡土树种占比超过80%。

按照《城市副中心控规》“城市绿心五十年一遇雨水自行蓄滞、待机排水”的要求，通过对地形的科学梳理，利用平地堆山的传统手法，在森林公园内部自西北向东南塑造了两条主要的微丘绿脉，划分出生态保育核和外部的森林游憩区，在森林游憩区内设置微地形体系，创造了不同尺度的汇水单元，形成了湿地湖沼、溪流河渠相结合的蓄滞体系，将夏季滞涝问题化整为零，雨水资源充分利用，全园可蓄滞涝水105万m^3。

整个城市绿心11.2km^2范围内以生态保育核为中心形成生态同心圆结构，生态功能层层向外辐射，将生态修复、场地再生、海绵城市、生态保育等理念和技术措施融入生态绿心的建设中，通过回归自然的生物保育乐园、蓝绿交织的生态雨水系统和多种类型的森林植物群落的构建，形成了北京城市副中心生态治理示范区。

2.2 活力绿心：从市民需求出发营造多功能休憩空间

城市绿心是城市副中心最具亮点的市民活力中心，其西北部规划有剧院、图书馆、博物馆三大文化建筑和共享配套设施。其南部规划为体育组团，未来将建设体育场馆设施综合体。

城市绿心森林公园秉持为民惠民理念，建设功能复合、配套完善、市民共享的绿色开敞空间，彰显了城市绿心作为市民活力中心的功能特色。环绕生态保育核的5.5km的“星形动感活力环”为园区内最主要的绿色休闲空间，由两幅分别为8m宽和3m宽路板构成，满足市民跑步、骑行、健身的需求。同时，公园在交通便利、配套设施齐全的区域设置足球运动区、全民健身区、篮球运动区及羽毛球运动区等体育功能区，总用地面积近2hm^2。此外，园区内还设置5处游客服务中心、3处驿站及20余处商亭为游客提供完善的配套设施，构筑“设施小而美，功能多而全，布局网络化，活动主题化”的服务体系。

2.3 文化绿心：汇聚多元文化要素凸显中华文化基因

在城市绿心范围内，除了有北运河以及小圣庙遗迹，在森林公园范围内还有运河故道与东方化工厂、造纸七场等工业遗存。设计师深入挖掘运河文化和场地特色的工业遗存文化，从文化研究中深度提炼相关文化元素，通过故道遗址展示、历史情景再现和河岸生境重塑等方式，引发游人特别是曾经在此地生活和工作过的游人的探知欲与满满回忆。

城市绿心规划建设是对习近平总书记生态文明思想的生动实践。中华文明五千年历史，森林的逐步消失有着复杂而多样的原因，农耕面积的不断拓展也是原因之一。经过设计师和专家学者的探讨研究，将代表农耕文明传统的二十四节气与城市森林创新融合，形成独具城市绿心森林公园特色的二十四节气林窗文化亮点。沿动感活力环两侧布置 24 处森林林窗，林窗内种植节气树，并将林窗节点的设计布局、景观构筑、植物营造、道路铺装等都围绕节气“候应”展开，传播新时代人与自然和谐的生态文化思想。

3 风景园林学科在城市建设中作用的思考

城市绿心作为城市副中心的 12 个民生组团之一，与其他组团最大的区别在于，它是一个以绿色空间为主导的组团，其水绿空间占比达到 80% 以上。其中的建筑组团、河道、市政道路都与周边绿色空间公园绿地有机衔接、充分融合，绿色成为城市绿心组团最靓丽、最鲜明的底色。

在城市绿心控规阶段，风景园林专业就积极参与到城市绿心规划建设工作营中，以独特的专业角度和实践经验，明确提出了将东方化工厂打造成城市绿心森林公园的生态保育核，并助力这一理念在城市绿心森林公园落地生根，为城市绿心整体生态格局的确立起到了积极的作用。

在深化设计阶段，风景园林专业和建筑、交通、市政等专业组成工作营，多学科交叉协作，在满足各专业设计规范的基础上，不断碰撞融合，使各专业协调一致，共同打造城市副中心最大的城市绿色综合体。

市政道路系统构建“双环”路网格局，外环疏导过境交通，内环增强绿心森林公园进深的开放性和集散便捷性。内环营造景观和活力一体的交通出行环境，与园林景观、公共空间、建筑风格等因素统筹结合。为了营造一种路在森林中穿行的效果，经协调，内环中的市政道路以平滑曲线的园路形式存在，并在路中设置了宽窄变化的分隔带，最宽的地方可达 70m。同时在满足道路设计规范的基础上，对道路断面形式进行了创新，将部分市政道路的人行步道与绿地内的园路相结合。

轨道交通在城市绿心内共设 5 站，其中位于绿心森林公园北门附近的地铁站曾经计划取消，后来通过多方的协调努力，此处站点成为北京第一个专为大尺度绿色空间设置的地铁站。

城市绿心组团实施以绿心森林公园为先行，园林总体设计协调单位对外实行多专业协调合作模式，对接轨道、交通、市政、建筑、水务等专业，开展专项研究工作，保证园林工程建设的实施。对内实行多单位统一联动机制，总体设计思路在所有园林设计深化单位中贯彻执行。制定了《深化设计导则》，形成例会制度，所有园林设计单位多次一起深化、协调、修改方案。并将把控延伸到对细节的控制，包括材料的选样封样、色彩统一、构筑物外立面的协调等。

通过城市绿心组团以及城市绿心森林公园的建设实践，风景园林师展示了营建大尺度绿色空间的专业能力与特长。同时，在实践中也显示出风景园林师对多专业综合协调把控上还有很大的拓展提升空间。“十四五”期间，北京市将推动城市高质量发展，在落实新版城市总体规划、减量发展、城市更新以及进一步扩大生态空间容量建设中，风景园林师要发挥植物群落构建、植物景观营造方面的技术优势，发挥诗情画意、景面文心的文化优势，发挥因地制宜、巧于因借的场地构筑优势，为构建人与自然和谐的生态宜居之都建设贡献风景园林的专业智慧与方案。

4 城市绿心森林公园规划设计与绿色科技集成创新

4.1 生态文明建设背景下工业遗址生态保育与景观重塑探索

城市绿心场地前身是以东方化工厂为主的工业聚集区，始建于1978年，曾经是我国规划最大、品种最全、质量最优的化工产品生产研发基地，不仅见证了通州区40年来的工业发展变迁，也留下了一代人弥足珍贵的青春记忆。而如何借工业棕地更新的契机为地区带来新发展动力和活力，是城市绿心规划设计与建设实施的挑战与难点。

面对生态完全被破坏的工业区、多种程度的土壤污染以及毫无生机的废弃设施，参与城市绿心森林公园设计、建设的风景园林师们坚持从场地本真出发，以包容审慎的态度多视角挖掘这片土地的价值，通过土壤治理、生态保育、场地记忆、功能转变等多种创新手段，实现了老工业遗址向城市绿色空间的转换。

4.1.1 实施生态修复和保育，提升生态系统质量

原东方化工厂区域为生态敏感区，划定其为绿心森林公园的生态保育核核心区域，通过保留现状自然演替、覆土绿化、混合播种先锋抗性强的树种、构建不同类型植物群落等一系列的生态修复技术和生态保育措施，构建生物多样性保护网络，提升生态系统质量。对于东方化工厂区域这一生态敏感区，为了不让工程建设扰动本区域的地下水和土壤，采取覆土1~2m后再实施绿化的技术措施，给自然空间和时间实现自然修复。实施修复的技术措施按不同的人工干预程度分为三种：

（1）保留现状一部分的自然荒野景观，完全不扰动原有场地，让大自然百分百做功；

（2）混合播种先锋抗性强的树种、灌木草种以及蔓生植物等，由内往外渐次形成：荒草—灌草—疏林—密林风貌，人工播种后让植物自然生长演替，逐步形成稳定的森林景观；

组合A（草本群落为主，混栽先锋抗性强的树种）：

上层：柽柳、臭椿、旱柳、刺槐（规格：落叶乔木胸径14~15cm，点植）；

中层：小规格臭椿苗、小规格旱柳苗、小规格刺槐苗、小规格栓皮栎油松构树混合苗、小规格小叶鼠李荆条构树混合苗（规格：高0.5~0.8m，苗圃管养一年，种植间距小于0.8m，密植）；

下层：莎草、稗草、红蓼。

组合B（灌木群落为主，引入速生树种）：

上层：国槐、旱柳、新疆杨、油松（规格：常绿乔木高3.5~4m，落叶乔木胸径14~15cm，片植）；

中层：荆条、紫穗槐、蚂蚱腿子、大花溲疏；

下层：胡枝子、狼尾草、三裂绣线菊。

组合C（针叶阔叶混交林，北京地区松栎混交林群落）：

上层：栓皮栎、蒙古栎、色木槭、椴树、油松、桧柏（规格：常绿乔木高3.5~4m，落叶乔木胸径14~15m，混交）；

中层：荆条、太平花、糯米条、金叶风箱果；

下层：蛇莓、蒲公英、紫花地丁、耐阴型混播地被。

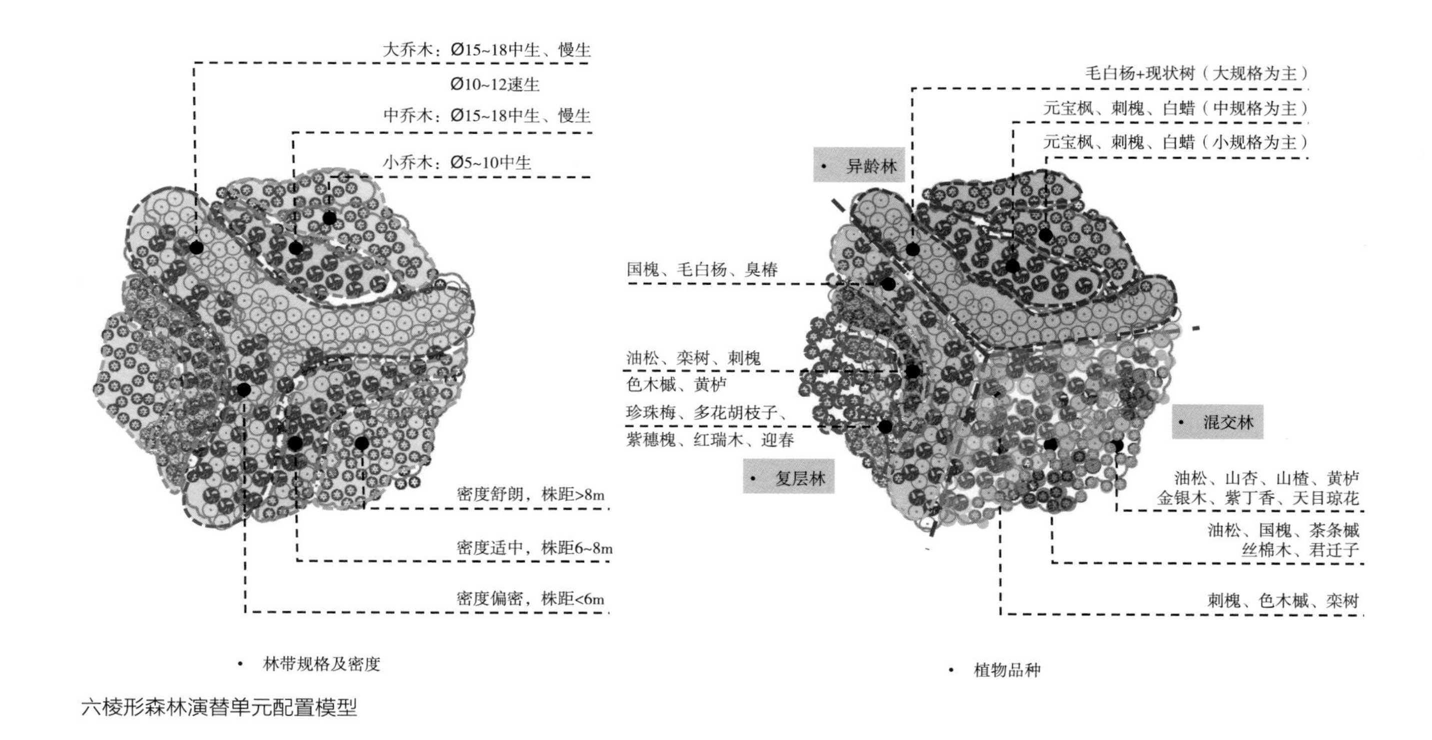

六棱形森林演替单元配置模型

（3）将多个六棱形叠加，分别以近自然异龄林、近自然混交林、近自然复层林三种林地以不同的方式进行变化组合，形成六棱形演替单元，模拟森林演替过程，完全通过人工干预的模式，形成最丰富的林相空间。

4.1.2 营造多样动物栖息生境

（1）设置小动物迁徙廊道和水源地

城市绿心位于副中心河流生态廊道和交通生态廊道交叉处，是城市重要的绿色斑块，作为动物栖息地，可以有效地串联副中心绿色空间网络；在绿心中设置动物通廊，可以扩大动物种群的活动领域，将生物栖息地与城市副中心绿色网络串联起来，提高城市绿心的生态价值。

主要迁移的动物包括小型哺乳类和昆虫类。首先在避开游人活动密集的区域，选取树冠开展型的高大落叶乔木形成连续的林带通廊，保证通廊有至少两排高大乔木的宽度；其次在跨市政路的区域，与雨水控制系统相结合，利用市政路下的过水管涵帮助连接迁徙动物通廊，管涵设计为钢筋混凝土方涵，高度 0.5m，宽度 2~3m 不等。

此外，与雨水控制系统相结合，利用景观水体、雨水湿塘和小型水池共同构成绿心的水源系统，供小动物栖息饮水。

（2）为目标动物创造不同的生境类型

根据“北京城市副中心生态园林建设研究——生态园林动物多样性构建”中的调查结果，收集城市副中心鸟类、兽类、昆虫类名录，设定目标动物。针对不同的动物习性创造适合的栖息生境，采用乔灌草结合的种植方式，构建针叶林及针阔混交林、阔叶疏林灌丛、灌草生境等多种群落类型，并设置小型湿地为小动物提供水源。

（3）增加小动物栖息设施

结合废弃物利用和各种地景艺术，设置展示型本杰士堆、自动投食器和景观湿地。

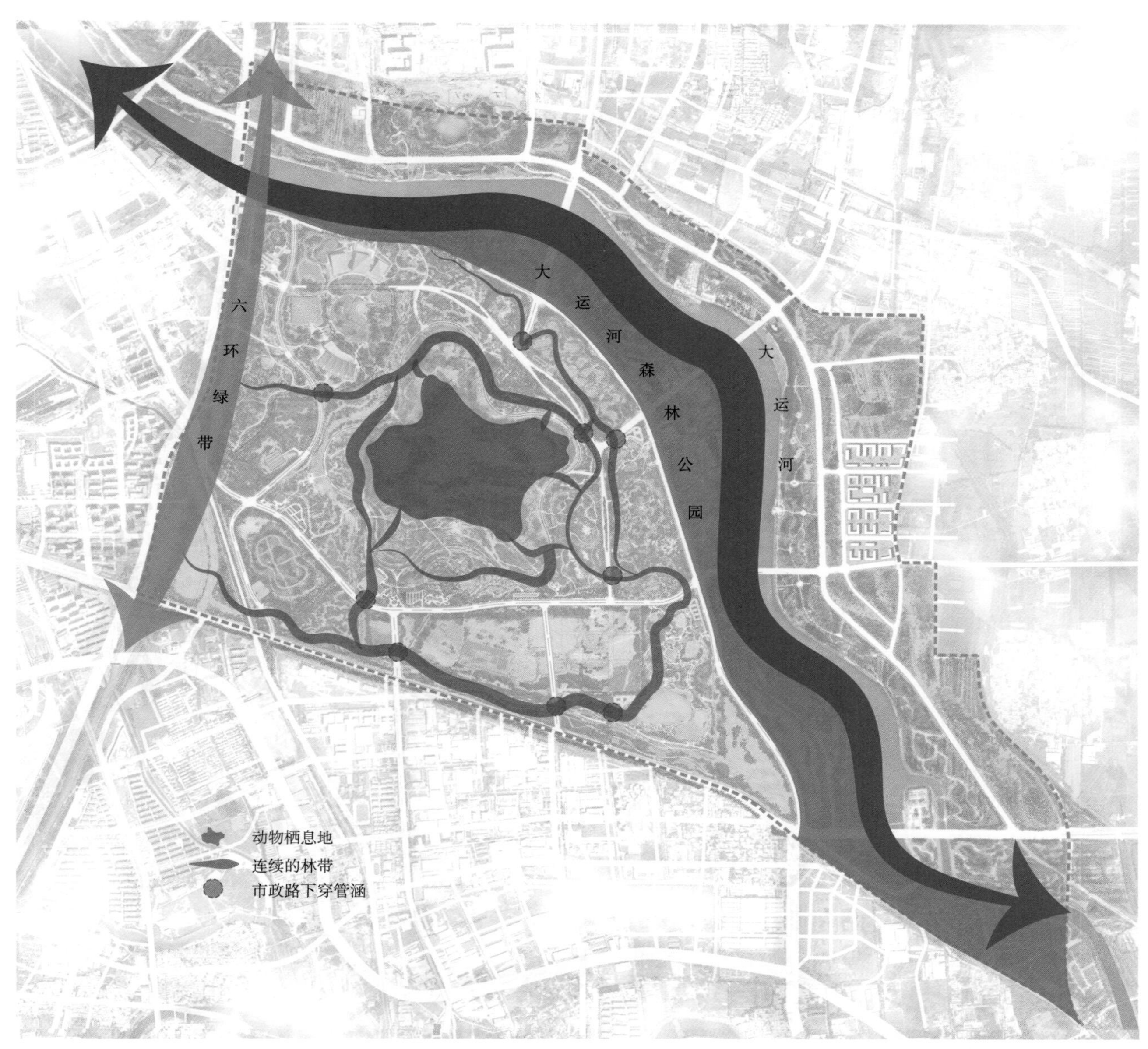

城市绿心小动物通廊布置

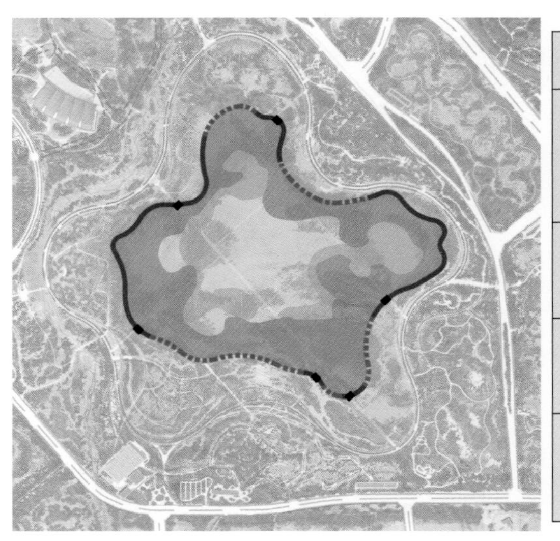

栖息地生境类型	主要植物品种	植株新植密度（m）	目标动物	斑块面积（hm²）	占生态核面积百分比（%）
针叶及针阔混交生境	杨树、元宝枫、油松、楸树、栓皮栎、椴树、白蜡、栾树、刺槐等	5~8	中小型猛禽、灰松鼠、东方蜜蜂、意蜂	49.86	66.69
阔叶疏林灌丛生境	乔灌草实验混播国槐、刺槐、流苏、八棱海棠、丛生类灌木	—	各种鸣禽、刺猬、草兔	15.6	20.15
灌草生境	乡土地被播种：荆条、紫穗槐、胡枝子、马蔺、蒲公英等，保留原状自然荒野	—	草兔、陆禽（环颈雉）	7.6	10.17
小型湿地	柳树、枫杨、红蓼、紫穗槐、芦苇、鸢尾	—	水源地	1.7	2.27

小动物栖息地生境类型布置

（4）设置软隔离生态缓冲带

环生态保育核外围设置了宽 60~80m 植草沟和灌木丛，形成生态缓冲带，避免人为活动干扰动物生息。

4.1.3 亲近自然的科普体验

在保育核外围的缓冲带和科普区的部分区域，将围绕森林演替、森林植被、森林动物、森林恢复和森林海绵的主题，通过多角度的互动活动，展示土壤、植物、动物和森林，普及生物多样性知识。

4.2 大尺度城市森林景观设计与营建技术集成

充分尊重现状场地条件，最大限度保护现有植被群落，紧紧围绕“近自然、留弹性、活文化”的设计理念，从生态、景观、文化三方面出发，打造生物品种多样、生态群落多元、活动体验舒适、文化内涵丰富的城市森林景观，为大尺度城市绿色空间设计与营建积累了丰富经验。

4.2.1 近自然森林营建技术集成

采用自然恢复与人工造林相结合的手法。在树种选择上，以乡土植物为主，适地适树，因地制宜，构建稳定的植物群落，营造四季分明、绿树浓荫且具有北京典型地带性植被特色的近自然城市森林。园区共计栽植近百万株各类乔灌木植物，近 400hm^2 的地被花卉及水生植物，乔灌木品种共计 238 种，林木覆盖率达到 80% 以上。

生态修复区及背景林带主要采用针阔混交林、异龄林种植手法，以北京乡土植物群落为准则，构建以高大乡土树种为主、结构自然、地带性群落特点突出的生态林景观。路缘、林缘等重要景观区域多采用乔灌草复层种植手法，通过体量、密度、品种、规格的科学搭配，形成连片成带、多层次、大尺度的近自然植被结构。全园乡土植物占比高达 80% 以上。其中，乡土乔木共计 64 种，主要有油松、白皮松、杨树、柳树、榆树、国槐、元宝枫、白蜡、栾树等；乡土亚乔木及灌木约 76 种，主要有黄栌、丁香、金银木、天目琼花、胡枝子、锦鸡儿、文冠果等；乡土地被主要有苔草、结缕草、紫花地丁、二月兰、白三叶、匍枝委陵菜等节水耐旱型乡土草本植物，形成易于维护的自然生态景观。

为进一步丰富植物的品种多样性，园区适当选用通州地区生长良好的新优植物品种，共计 30 余种。主要包括银红槭、银白槭、金叶复叶槭、金叶白蜡、金叶榆、金叶国槐、北美海棠类。这些植物在园区长势旺盛，季相特色明显，为城市绿心带来了景观各异的四时风景。

4.2.2 森林生境系统营建技术集成

以“乡土、长寿、抗逆、食源、美观”十字方针为植物选取原则，以天然林典型生境为设计蓝本，营造林－灌－草－湿地多种群落和多元生境，构建多样自然且稳定安全的森林生境系统，为小动物提供觅食栖息的适宜环境。同时，最大限度地保留现状林木资源，并通过新植与保留相结合、栽植与播种相结合、小苗密植与保留自然荒野相结合，实现人工林向近自然林的森林演替。其中，密林生态群落占比 65%，疏林生态群落占比 15%，灌草生态群落占比 10%，森林湿地生态群落占比 10%。

（1）密林生境

园区的主导生境类型，构成整个林区的骨架，乔木郁闭度在 0.7 及以上。人类活动度低，有意识地增加食源、蜜源树种和乡土树种，营建与目标物种相匹配的动物栖息地。

（2）疏林生境

乔木盖度 0.2~0.3，乔草地被为主，以树团和草地形成开合有致的大空间。乔木主要种植阔叶品种，地被选择耐践踏、耐割刈的禾本科草本植物，为小型哺乳动物和人的活动提供场地。

全园绿化种植各类指标

序号	内容	审定指标
	绿化工程（含支沟）	
1	林木覆盖率	84.38%
2	乡土树种（株数占比）	88%
3	地被覆盖率	89%
4	常绿落叶比	1:3
5	食源、蜜源类植物（品种占比）	40%
6	植物种类	238 种
7	纯草坪地被	1.40%
8	乔木栽植密度（株 / 千 m^2）	30
9	灌木栽植密度（株 / 千 m^2）	80
10	苗木规格	
10.1	常绿乔木	
10.1.1	高度≥ 7m	1.71%
10.1.2	6m ≤高度< 7m	6.78%
10.1.3	5m ≤高度< 6m	37.22%
10.1.4	4m ≤高度< 5m	33.87%
10.1.5	高度< 4m	20.42%
10.2	落叶乔木	
10.2.1	胸径≥ 20cm	1.83%
10.2.2	18cm ≤胸径< 20cm	5.91%
10.2.3	15cm ≤胸径< 18cm	11.81%
10.2.4	12cm ≤胸径< 15cm	51.38%
10.2.5	10cm ≤胸径< 12cm	22.13%
10.2.6	胸径< 10cm	6.94%

乡土树种相关指标

相关指标	常绿乔木	落叶乔木	亚乔和灌木	合计
总树种数（种）	23	91	124	238
乡土树种数（种）	7	57	76	140
树种占比（%）	30.4	62.6	61.3	58.8
总株数（株）	29183	72632	401142	502957
乡土树种株数（株）	27623	63928	351645	443196
株数占比（%）	94.7	88.0	87.7	88.1

（3）灌草生境

大面积播种以宿根为主的乡土草花种子，形成具有明显季节变化和色彩变化的地被植物景观。

城市绿心森林公园实景鸟瞰（2020 年 9 月拍摄，图片来源：《北京日报》）

（4）森林湿地生境

受季节性降水影响，区域内土壤含水量季节性变化大，乔木盖度小于0.2，洼地和微地形设计有助于形成多样的灌草丛，以多年生湿生、水生草本植物为主，适宜涉禽类和两栖动物生活。

4.2.3 城市绿心森林公园景观林窗设计与营建技术

景观林窗是城市森林景观格局的一种重要空间形式。它以森林林窗为空间载体，创造人类可活动的，具有园林美学、地域文化展示等新功能的城市园林空间，可以有效地提升城市森林公园的城市功能效益与生态效益。绿心森林公园规划设计团队根据对文献资料和北京的城市森林公园实际调查分析，结合北京绿心森林公园规模和发展定位，提出了城市绿心森林公园中景观林窗布局模式和营建技术方法。

（1）绿心森林公园景观林窗设计与布局模式

结合实际情况，规划设计团队认为“自然山体/滨水+景观林窗+区域游憩区+环路串联”的总体布局模式符合大尺度城市森林公园的总体布局要求，能较好地发挥城市森林公园的自然及人文资源特色。故绿心森林公园景观林窗主要分布于“城市绿心”生态保育核外围的动感活力环区域。为反映出中华民族最朴素的生态观，“城市绿心”将景观林窗打造成具有鲜明特色的二十四节气林窗，通过环路进行串联。

（2）城市森林景观林窗的营造技术措施

总结大尺度城市森林公园景观林窗的营造方法与技术措施，主要有以下四点：

1）空间自由组合，形成多变林窗

大尺度城市森林中的景观林窗可以由一个或多个林窗构成，即在一个景观林窗空间中展现多样的景观空间，或选择多个景观林窗，组成景观空间序列，发挥不同的生态、景观功能，形成多变的活动空间。

2）应用特色植物，丰富生物多样性

在大尺度城市森林中，景观林窗重点运用特色植物。根据季节周期与植物生命周期的变化，通过植物个体或群体的质地与色彩，影响空间气氛，成为景观林窗的重要焦点，增加城市森林中的景观特色。

3）文化注入林窗，激活地域特色

激活地域文化内涵，成为景观林窗特色。景观林窗不局限于形象实体，而是传达特定思想情感的载体。通过具象或意象的小品设置，以及场景再现赋予景观林窗一定的文化涵义，进行多方面的地域文化解读。

4）融合市民生活，增强互动体验

挖掘中国传统民俗，结合园林景观中众多的构筑物、雕塑、花木、山石等景物优美的载体，动静结合，让景观林窗展现出城市森林公园与城市公园不一样的风韵，增加市民生活参与性，增强市民森林感知体验。

4.2.4 承载蓄涝功能的城市森林营建探索与实践

“碧林涵虚”作为城市绿心三十六景中最大的景区，设计在满足蓄涝功能的前提下，通过对地域风貌及不同时期雨水淹没范围的研究，形成以传统自然山形水系为基底的“水上森林”特色。同时根据水深的变化与分布，选取适宜不同生境的植物品种，突出湿生景观林的植物特色，融入科普、游憩、健身等内容，实现生态功能、蓄涝功能、文化科普与景观功能的协同。

蓝绿交织的城市绿心森林公园实景鸟瞰（2020 年 8 月拍摄，图片作者：马文晓）

（1）以传统自然山形水系消融蓄涝容积

场地内部通过化整为零的方式，将“蓄涝容积的大水面”分割为若干个林窗中的“水泡子”。营造山丘起伏环绕、水窗点缀其中的自然山形水系空间，力求在自然山水中融入蓄涝功能，形成“大水成湖、中水成泊、补水成景”的林水风貌。通过控制树高（H）和水面宽度（D）的比例，规避常规大水面的做法，形成较郁闭的围合空间，实现以森林风貌为主的“林中水窗”。

（2）考虑动态变化的淹没线，强调湿生景观林的植物特色

在蓄涝水位线以上设置4+2主环路贯穿整个景区，主环路内侧为蓄涝区，约占地块面积的40%。通过运用“4线1面”的种植手法，在起伏的“天际线”、丰富的“林层线”、蜿蜒的“林缘线”、自然的“林下面”基础上，增加收放有致的“水岸线”，形成层次丰富的林水风貌。在蓄涝区内，选取适宜北京生长的水生、湿生植物（黄菖蒲、千屈菜、荻、睡莲等）及耐短暂水湿、浸泡的植物（柳树、杨树、白蜡等），根据品种的筛选及搭配组合的研究，形成了最具特色的群落搭配模式，营造蓄涝区内的湿生景观林群落。

（3）营造三区多点的“林中水窗”节点

在林水特色的基础上，融入季相、物候文化特征及科普功能，与城市绿心森林公园二十四节气及其他森林科普形成互补，同时该区域还增设游憩、健身等活动内容，从而形成了三个功能区：森林科普区、森林游憩区、森林健身区。

森林科普区位于本地块的核心位置，通过为鸟、鱼、虫类等提供多种生境，形成“鸟语”“知鱼”“戏莲”三个林中水窗特色。

森林游憩区是以展示植物为特色并增加游憩功能的林中水窗，形成“映柳”“松影”“烟翠”“林榆”等八个林中水窗景观。

森林健身区是将蓄涝功能与市民健身活动需求相结合的林中水窗，在林中水窗中设置与体育健身场地相结合的蓄涝弹性空间，采用下沉的方式，遭遇五十年一遇雨水时，可承载蓄涝功能，平时降雨，通过排水设施与整体景区海绵系统相衔接。

通过此次实践，将自然的山形水系、湿生景观林特色、文化科普内容进行了不同方式和层面的表达与运用，既满足了城市绿心海绵系统中蓄涝的功能，又为城市绿心森林公园构建了一种特色森林形态和生态科普园地。

4.3 海绵城市视角下的生态雨水系统构建与山水园林营造

从绿心森林公园周边道路的竖向规划来看，场地现状较周边市政路的规划高程低2~3m。从现状竖向分析看，其整体地势平坦，西北高东南低，与北运河的整体流向相一致，场地中间地势较低处局部可见洼地和现状鱼塘，需要以生态的办法治理水系、恢复湿地。

依据城市副中心雨水排除专项规划和实际现状情况，整个园区采取充分利用绿心森林公园内绿地空间蓄滞五十年一遇雨水，自行消纳，待机排水的举措，构建完善的生态雨水系统。具体关键技术要求为：充分利用山形水系起到疏导地表径流和组织排水的功能，即绿心森林公园内区域外部雨水不流入，内部五十年一遇雨水不外排，待南侧河道玉带河东支洪水降低到一定水位后，启动公园与玉带河东支的连通闸，将涝水排出。

绿心现状整体地势西北高东南低，四周高中间低，初步形成外部雨水不流入，内部雨水不外排，东南低洼地易蓄滞的地势条件。城市绿心内的建筑、市政道路、铺装场地及绿地共同通过排水沟/管、雨

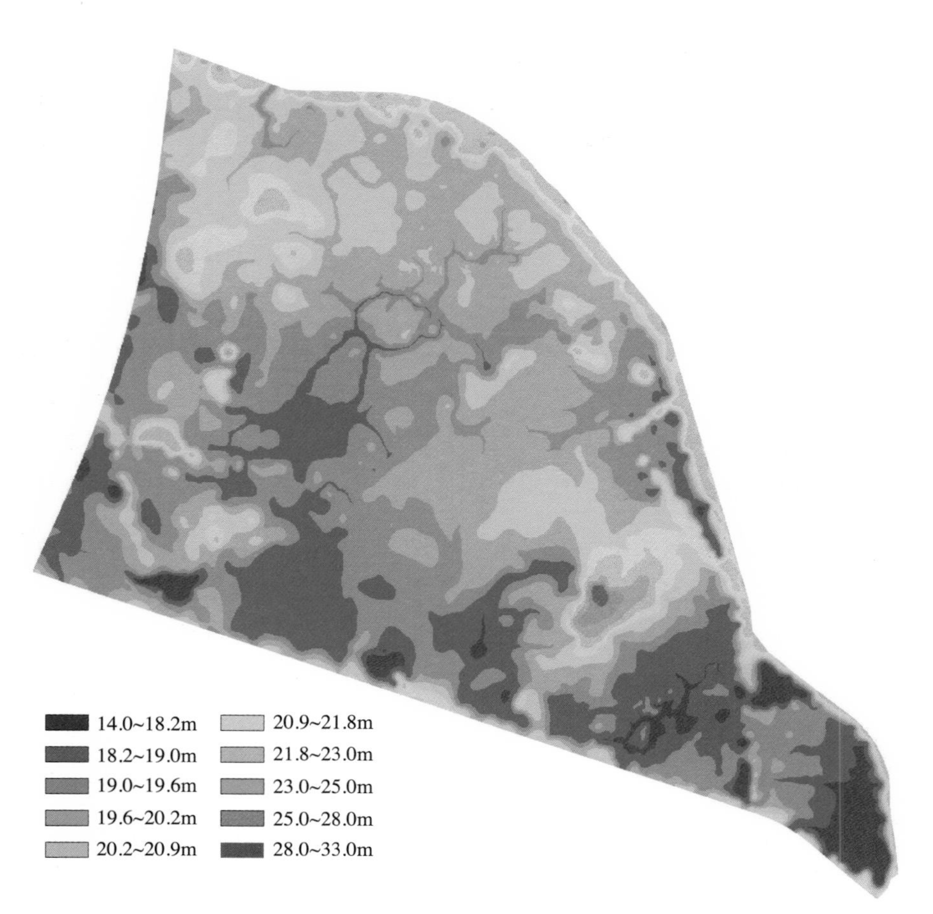

城市绿心森林公园现状竖向分析

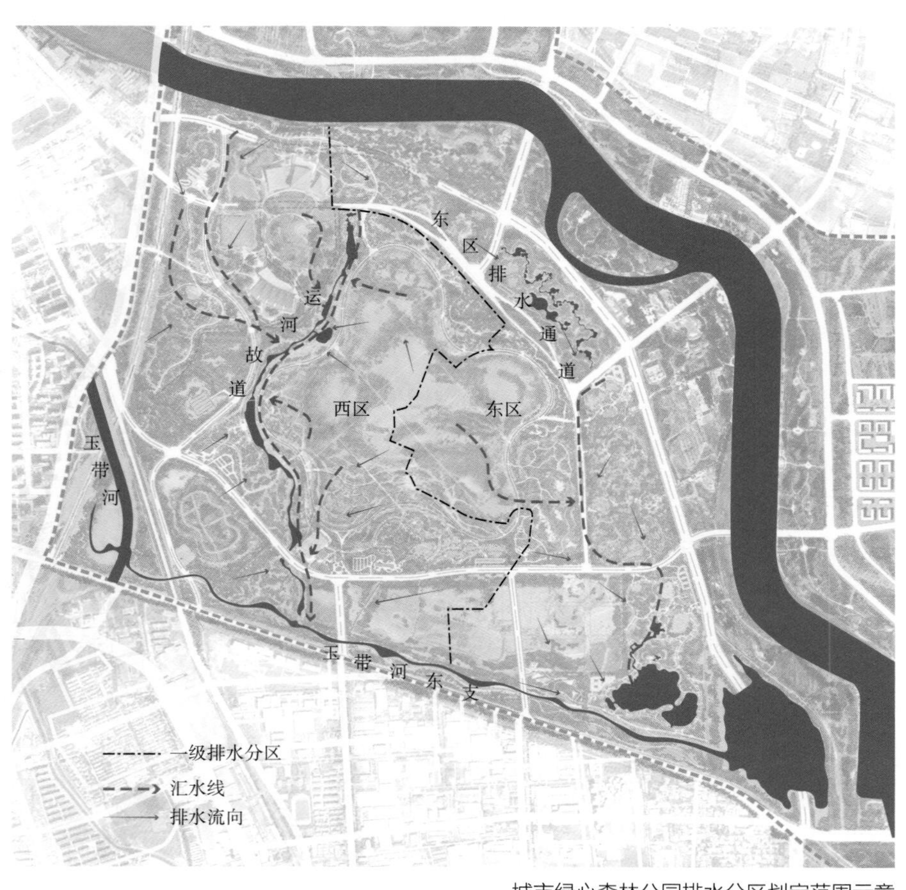

城市绿心森林公园排水分区划定范围示意

城市绿心五十年一遇及一百年一遇涝水水位统计表

分区	蓄水点	五十年一遇涝水位（m）	一百年一遇涝水位（m）
西区	运河故道	20.15	20.28
	剧院西侧景观湖	20.62	21.05
东区	东北片区	19.65	19.90
	西侧区域	20.19	20.30
	东南角	20.06	20.24

城市绿心森林公园二级排水分区示意

水花园等设施汇入东西两大排水通道，实现区域内雨水自排。其中西区面积462hm^2，以运河故道为核心；东区面积333hm^2，以蓄滞湖为核心。整体再划分为5个二级排水分区。

城市绿心森林公园“海绵”体系由运河故道、蓄滞湖区为主的大型滞蓄型海绵，以及雨水花园、植草沟等多种措施相结合的渗透型小海绵共同组成。海绵设施分为三种情景：

小雨和中雨情景下，经过低影响开发（LID）设施的合理设计，通过源头减排减少进入绿心大的调蓄水体的径流量，降低排涝压力，源头LID设施能够实现91%以上的年径流总量控制率。

中到大雨情景下，依托竖向设计，构建运河故道、东侧排水通道蓄滞湖、起步区景观湖等大型调蓄水体，保证各小排水分区基本通过自流进入调蓄水体。

大到暴雨情景下，先自蓄，超过滞蓄能力的经待机排水机制保障区域安全排涝。

总之，全园通过“生态排水、滞蓄消纳、源头控污”的海绵系统，年径流总量控制率可达到90%以上，同时满足50年一遇雨水“自行蓄滞、待机排水”的上位规划要求。

城市绿心森林公园海绵系统规划示意

中篇　国际方案征集

城市绿心森林公园国际方案征集

城市绿心森林公园西至东六环规划东红线，东北至北运河，南至京津公路北红线，与城市副中心行政办公区一河之隔、遥相呼应。项目用地中部原为东方化工厂，厂区总面积约 130hm²，周边原为小圣庙村、上马头村、张辛庄村三个村庄。项目大部分为拆迁腾退地。

城市绿心森林公园规划面积为 11.2km²，其中城市建设用地包含一个文化建设组团、一个体育建设组团和两个战略留白组团；规划蓝绿用地占比 80% 以上，包括部分已建成的大运河森林公园和部分规划六环公园，规划绿化面积 7.39km²。

2018 年 6~8 月，“北京城市副中心城市绿心森林公园概念性规划设计方案国际征集”活动吸引了来自美、法、德、澳等 6 个国家和地区的 16 个机构和团队报名应征。最终评选出了 3 个优胜方案，分别是法国岱禾景观与城市规划设计事务所（Agence TER）、北京市园林古建设计研究院有限公司 & 德国安博戴水道景观设计咨询（北京）有限公司联合体、怡境师有限公司（HASSELL Limited）提交的征集方案。

城市绿心森林公园规划设计范围

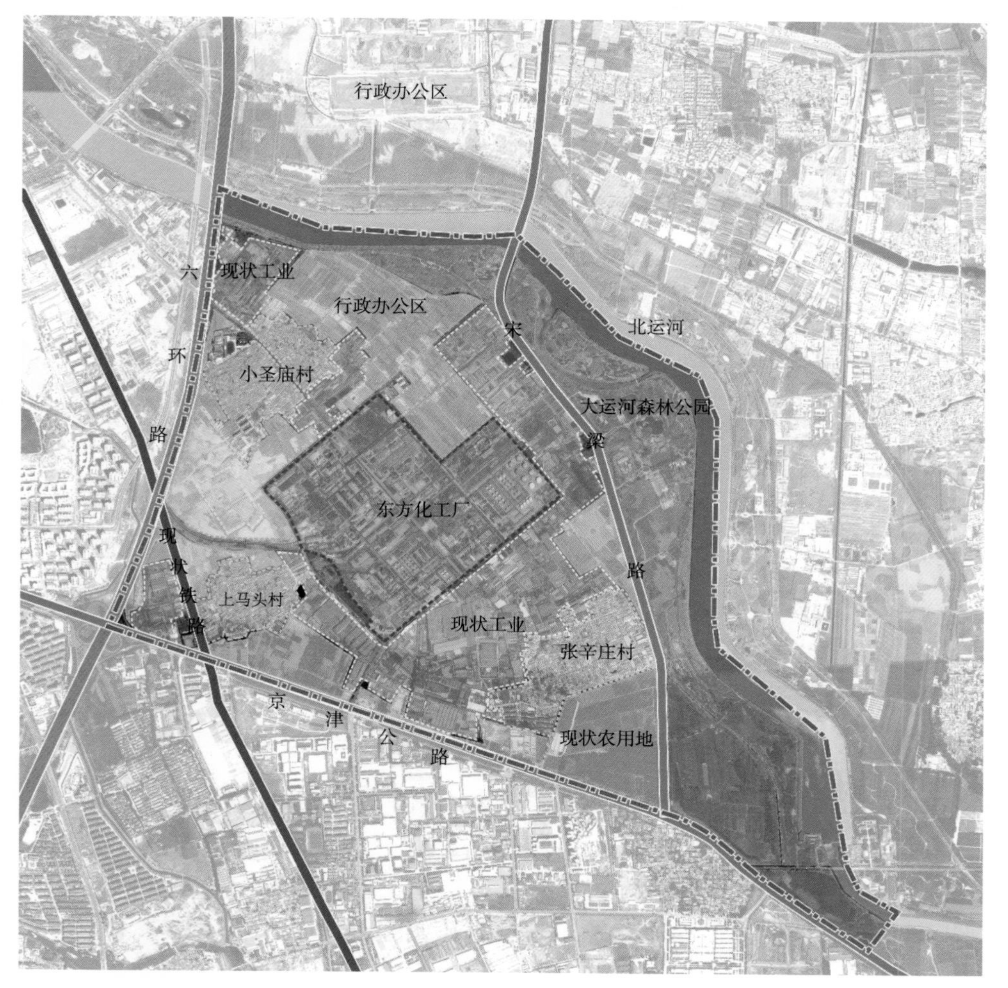

城市绿心森林公园现状用地

2018 年 9 月初，由北京市园林古建设计研究院有限公司 & 德国安博戴水道景观设计咨询（北京）有限公司联合体综合各征集方案的先进理念和设计优势进行规划方案的整合。

2018 年 9 月中旬至 2020 年 9 月 29 日，城市绿心森林公园开园期间，由北京市园林古建设计研究院有限公司在实施阶段作为整体项目的总控单位，由北京北林地景园林规划设计院有限责任公司、中外园林建设有限公司 & 怡境师有限公司（HASSELL Limited）、北京市建筑设计研究院有限公司 & 法国岱禾景观与城市规划设计事务所（Agence TER）联合体、北京市园林古建设计研究院有限公司、中国城市规划设计研究院、北京山水心源景观设计院有限公司 & 清华同衡城市规划设计研究院有限公司联合体，共计 7 家设计单位或联合体，开始城市绿心园林绿化工程的深化设计工作。

1号国际征集应征设计方案

法国岱禾景观设计和城市规划事务所（Agence TER）

1 设计愿景

生态 + 降污 + 游憩 + 活力 + 开放 + 联通 = 城市绿心

2 设计理念

百城连脉，千里通波，运河与长城共同构成中国的人文坐标，通州——北京城市副中心，正位于传统运河农耕文化的原点。

城市绿心公园将以其对历史传统和通州文化的传承，对中国生态文明新阶段的前瞻性阐释，成为可持续发展城市绿色空间的典范。

总平面

3 规划方案构思

方案确立公园骨干空间结构，预留生态涵养和城市发展时序需求，描绘一幅灵活底图，留待自然与人共同绘就。

捕捉基地45°角的独特空间格局，三层同心圆形态代表着绿心公园由基地本源的农耕文明走向未来的生态文明的过渡：用“自然之径”界定修复核心，“生息之环”激活保护林带，“田园之路”联通多彩田野，防止污染加剧，构建降污体系；亲近自然生态，激发人文活力，开放田园边界；整合公共设施，塑造特色景观。

空间分为四大主题区域：

庆典活动区（万国如织）——依托文化建筑群，提供一处承载大型室外活动与游人集散的开敞空间及配套商业，烘托万众同乐的气氛。

休闲体育区（育林树人）——在化工厂原址外围，以充沛的植被群落和运动场地为健步、慢跑、骑行等日常锻炼以及体育社团活动提供空间。

自然生态区（浓荫净壤）——引入多层次、多样化、分期渐进的植被格局，培养一处有生态效益的自然环境。

历史文化区（长河溯源）——以“净土之环”博物馆与古宅为基点，提供一处温故而知新的教育基地，了解运河与通州历史、本地生态环境变迁、环境修复过程。

另在生息之环的东南西北向，各设有一座千帆塔，为面积广大的园区提供四处制高点，向内可以眺望浓荫树冠，向外可以远瞻通州气象，成为城市绿心最具辨识度的标志性构筑物。

三条风格迥异的主园路激活绿心公园，形成四类主题游线：

日常游线引导居民选择舒适的散步、慢跑、骑行路径；周末游线为节假日的大客流准备，满足全天需求；文化游线服务来自全球的旅游者，营造一场历史与生态的溯源之旅；庆典路线适用于举办重大文化集会，凸显文化高地风采。

三层同心圆分析

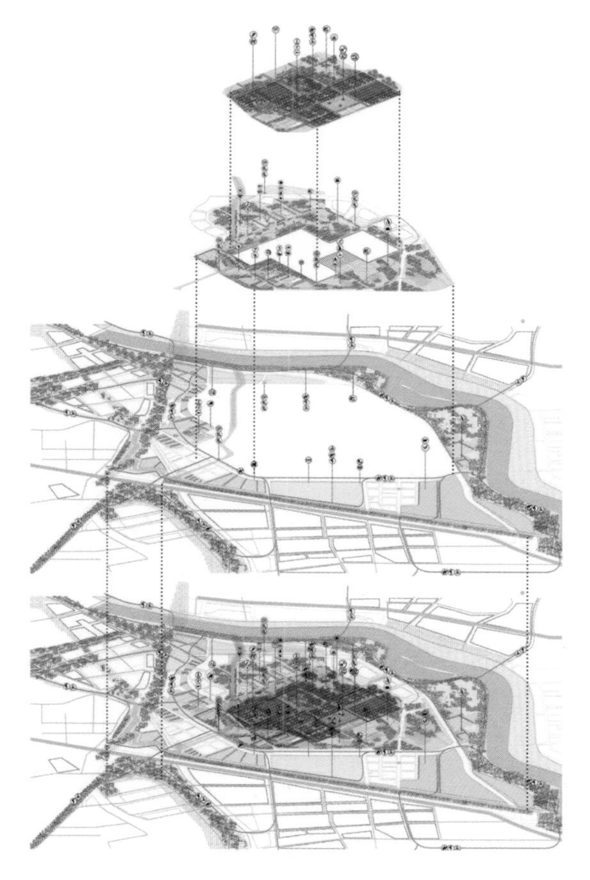

绿心三层主题路径分析

4 规划空间结构

依托基地独特空间格局，构建三层同心圆形态：

内核“密林思永”——以环境治污为重点，短期限制游人进入，逐步开放，是动态的生态修复核心。

外环“樯橹耕耘”——将公园边界融入麦浪澄波，都市生活与田园之趣相得益彰，如同城市绿心的开放性城垣。

“生息之环”——联系内外，由庆典之环、运动之环、自然之环、文化之环四个区段合围而成，以人与自然的互动共生为主题，承载绿心最主要的文化休闲活动节点，是统领全园的大动脉。

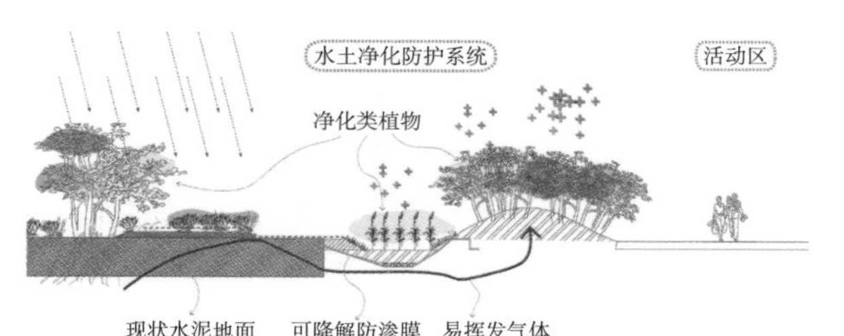

水土防护净化示意

2 号国际征集应征设计方案

北京北林地景园林规划设计院有限责任公司

1 创意理念

北京城市副中心城市绿心森林公园将建设成为“彰显东方智慧和展示生态文明的市民活力中心”。

回溯历史，中国古典园林文化中的早期形式“苑”，是指融自然保护、娱乐游赏、生产劳作为一体的古代绿色综合体，规划设计方案以传统的营园理念，融入现代城市功能要求，营造北京副中心的“千年之苑”。

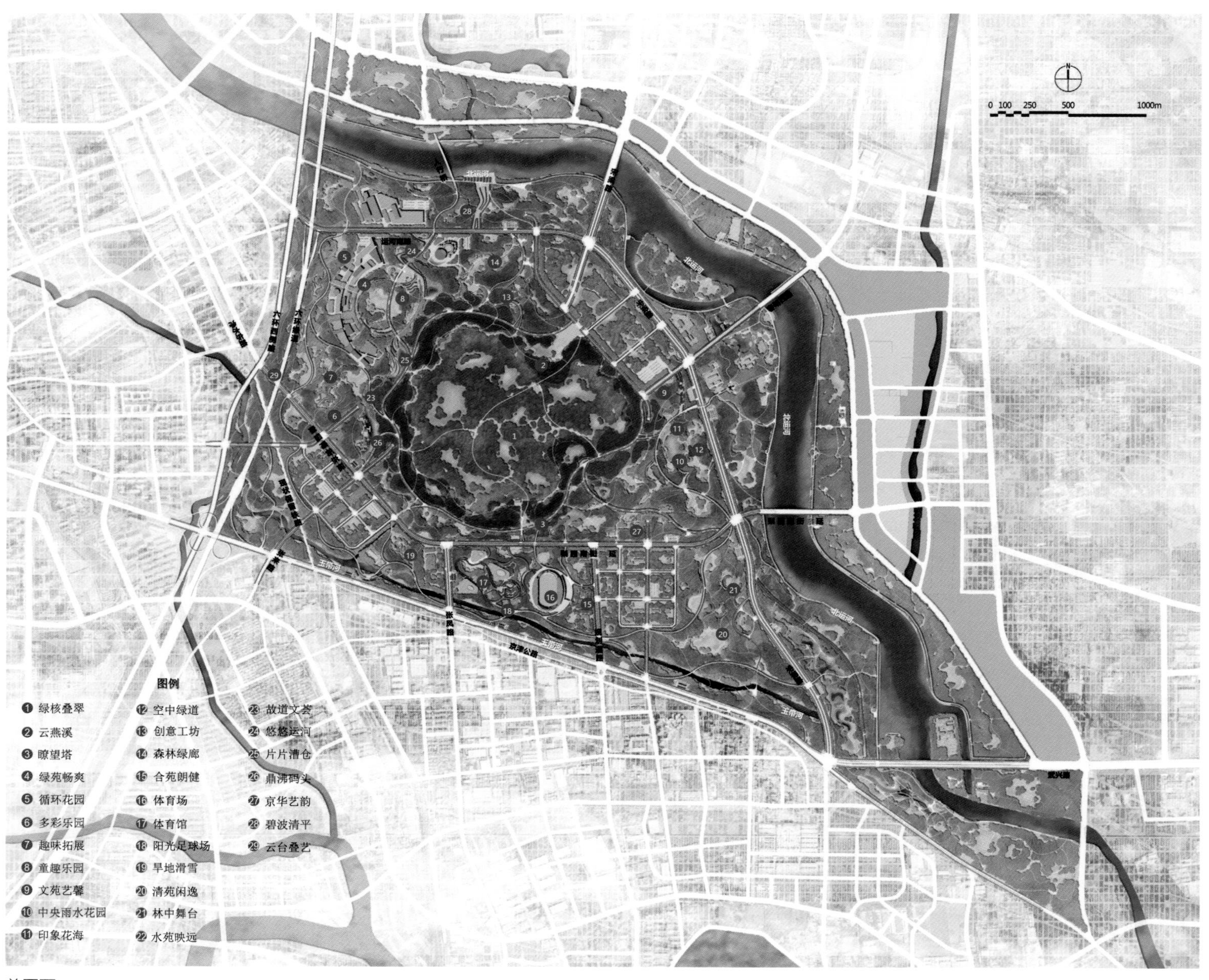

总平面

2 题名含义

本方案规划景观题名为：京华东苑，运通千载。

“京华东苑”，道出了城市绿心在北京城市的地位和文化特征。“运通千载”，表达了传承大运河千年历史，展望新时代千年之城的美好愿望。

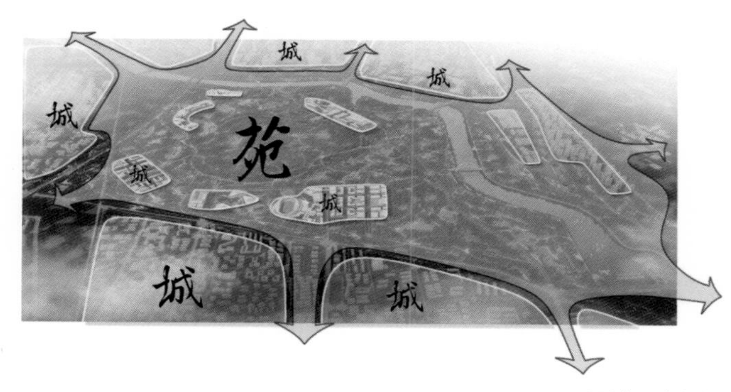

设计理念解析

3 景观空间结构

方案景观空间结构为：一带一核、双环两廊、十景镶嵌。

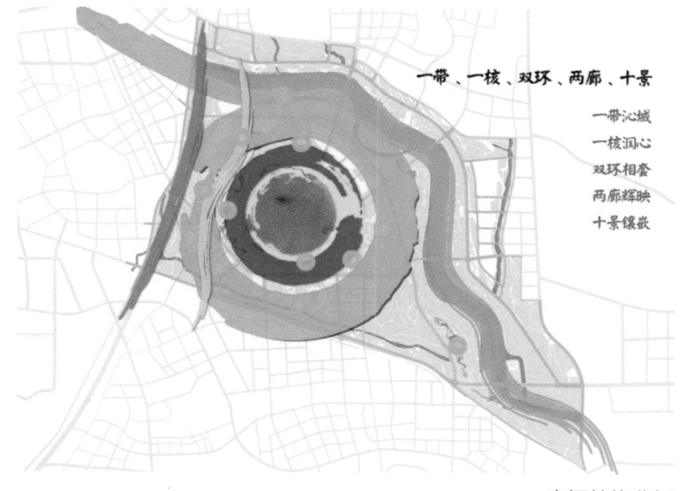

空间结构分析

4 景观风貌

一带沁城：运河两岸，林水相映，舒朗恢阔。
一核润心：核心绿底，草木扶疏，自然朴野。
双环相套：内环绿屏，层林叠翠，绿荫漫道，
外环和苑，活力汇聚，城园交融。
两廊辉映：运河故道，串景点翠，古今辉映。
六环廊道，台地花园，绿色通廊。
十景镶嵌：以文为脉，连珠合璧，再现菁华。
轴线对景，凭林观水，登高望远。

1 滨河复合休闲带
2 核心修复区
3 康体科普缓冲环
4 怡乐体验功能组团
5 文艺活动功能组团
6 活力运动功能组团
7 游憩拓展功能组团
8 运河故道体验区
9 六环台地绿线
10 水体涵养区

功能分区

5 分区节点

本方案统筹整体方案的文化主题和景观意向，凝练特色节点，犹如江山画卷围绕绿心徐徐展开。

绿核叠翠（生态）：以东方智慧中“天人合一”的理念，以自然手段“调理”绿心生态系统，在核心区的重污染区域，引入先锋植物吸收土壤中的污染物；周边设置50m宽缓冲森林内环，控制人群进入，核心区经过长期自然演替，形成层叠稳定的森林群落，打造“千年之城”的绿色核心。于生态核南北轴线上设计一处观景塔，塔中封存有数以千计的种子，为城市副中心“千年之城”发展大计孕育希望，登上塔顶，可近观城市绿心、远眺古运河遗址。

围绕生态核，连接各功能组团形成的活力环是市民共享的开放空间，由绿苑畅爽、文苑艺馨、合苑朗健、清苑闲逸、故道文荟、京华艺韵、碧波清平、云台叠艺等一系列绿色休闲苑组成。

总体鸟瞰

3 号国际征集应征设计方案

中国城市规划设计研究院

1 依地晓势、明规洞实——绿心认知

研读地块，形成对于绿心现状及上位规划的基本认知。绿心地处副中心核心区位，与行政办公区隔河相望。地势北高南低，需满足副中心防洪排涝等功能。地表为工业厂房拆迁用地，土壤及地下水污染严重。场地内现存部分片林及乡土大树，场地内有一定的历史文化存留。

2 弘绿展琼、礼序景和——空间功能局部

方案传承内虚外实的东方哲学智慧，延续千年守望林脉，综合考虑绿心建设时序、生态修复进程及

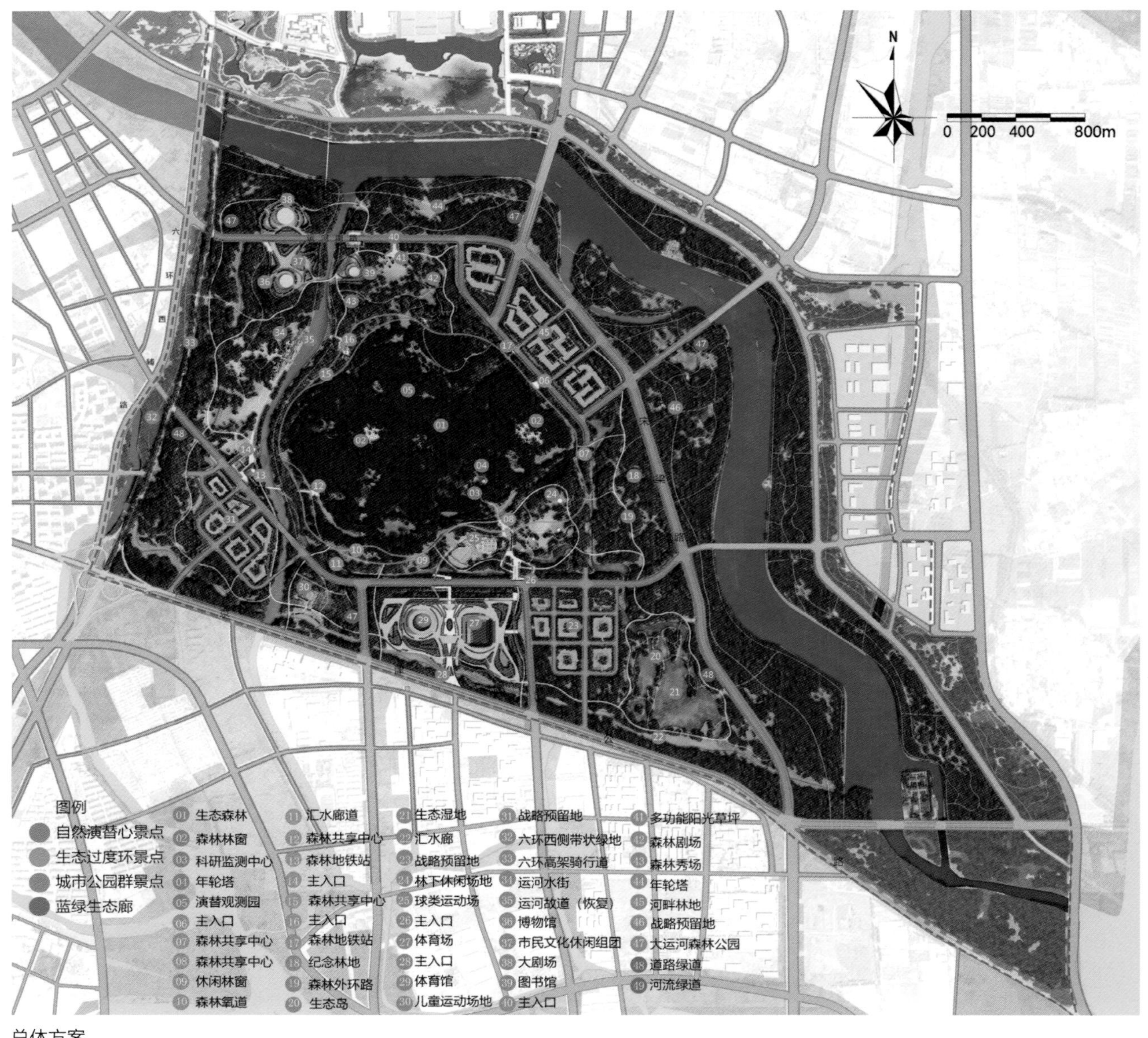

总体方案

自然演替过程，提出了动态、弹性的规划设计方案，形成“一心、一环、八园、十廊”的空间布局。

一心：在原东方厂区域通过人工干预与自然恢复力结合，形成自然演替心。

一环：在自然心外 200m 宽范围内构建自然与活力的过渡融合生态过渡环。

八园：结合外围城市组团，规划文化多元、功能复合的城市公园群。

十廊：依托道路及河流廊道，由内而外延展形成蓝绿生态廊。

3 寻策索道、聚什共成——规划设计策略

为实现“清樾和畅”的设计愿景，方案采取以下六大设计策略。

策略一：共生——蓝绿共生、千年森林

划分重度污染区和轻度污染区，采取不同级别的治棕、理水、营林手段，加速形成蓝绿共生、结构稳定的森林结构。

策略二：共融——城绿共融、圈层复合

从自然演替心向外围依次形成生态内核—自然森林—活力公园三大圈层，外喧内幽，构建城园共融的开放空间。

策略三：共通——多向共通、多元出行

规划形成复合式圈层道路结构。内核保留原有厂区道路肌理，生态环游线对外衔接城市交通体系，对内与公园组团主路连通。各公园构建主次支路结合的道路体系。

策略四：共续——文脉共续、古今同辉

借鉴大型传统园林中的东方造园智慧，通过精准的规矩理法和尺度模数进行空间控制。同时，园中景点融合我国传统节气与民俗活动，强调因时而变的自然景观。

策略五：共美——大绿大美风貌协调

规划形成蓝 – 绿 – 城相融合的整体风貌，塑造森林风貌区、运河风貌区、湿地风貌区、公园风貌区和城市风貌区。

策略六：共治——互联共治智慧共享

通过“互联网 +”的复合功能体系，打造高效、安全、舒适、互动、科技的智慧建设、智慧监测、智慧管理和智慧服务体系。

绿心作为副中心重点功能区之一，是重要的生态和生活空间，本次规划秉持“以人民为中心”的理念，以“副中心的生态地标、新时代的活力绿心”为设计定位，最终实现“清樾和畅”的设计愿景。

规划理念

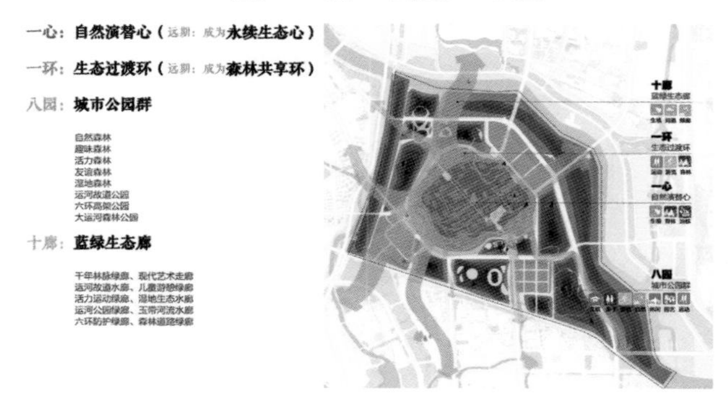

规划结构

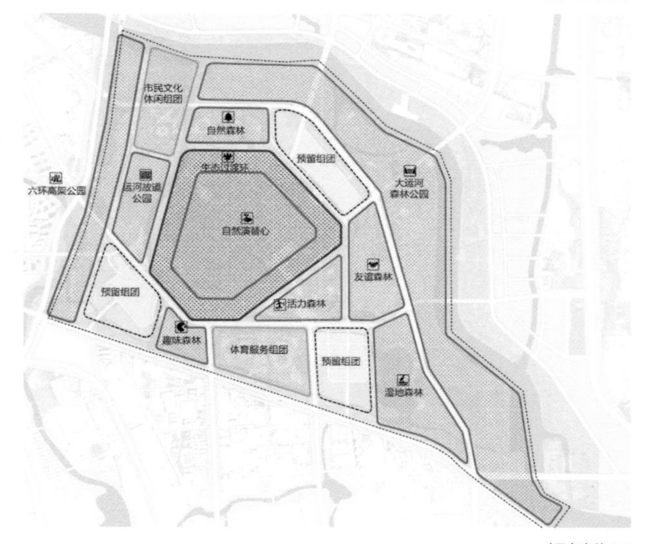

规划分区

整体鸟瞰

4 号国际征集应征设计方案

北京山水心源景观设计院有限公司
北京清华同衡规划设计研究院有限公司

1 设计目标

将城市绿心建成最具活力的市民中心，彰显中华文脉的文化集聚区，以及生态治理示范地。

2 设计构思

历史上的北京城，每一次扩展壮大，不外是以军事、政治、经济为宗旨，而今天的北京城市副中心，则不同以往，它以生态民生为纲规划兴建。这一全新理念，必将载入史册。

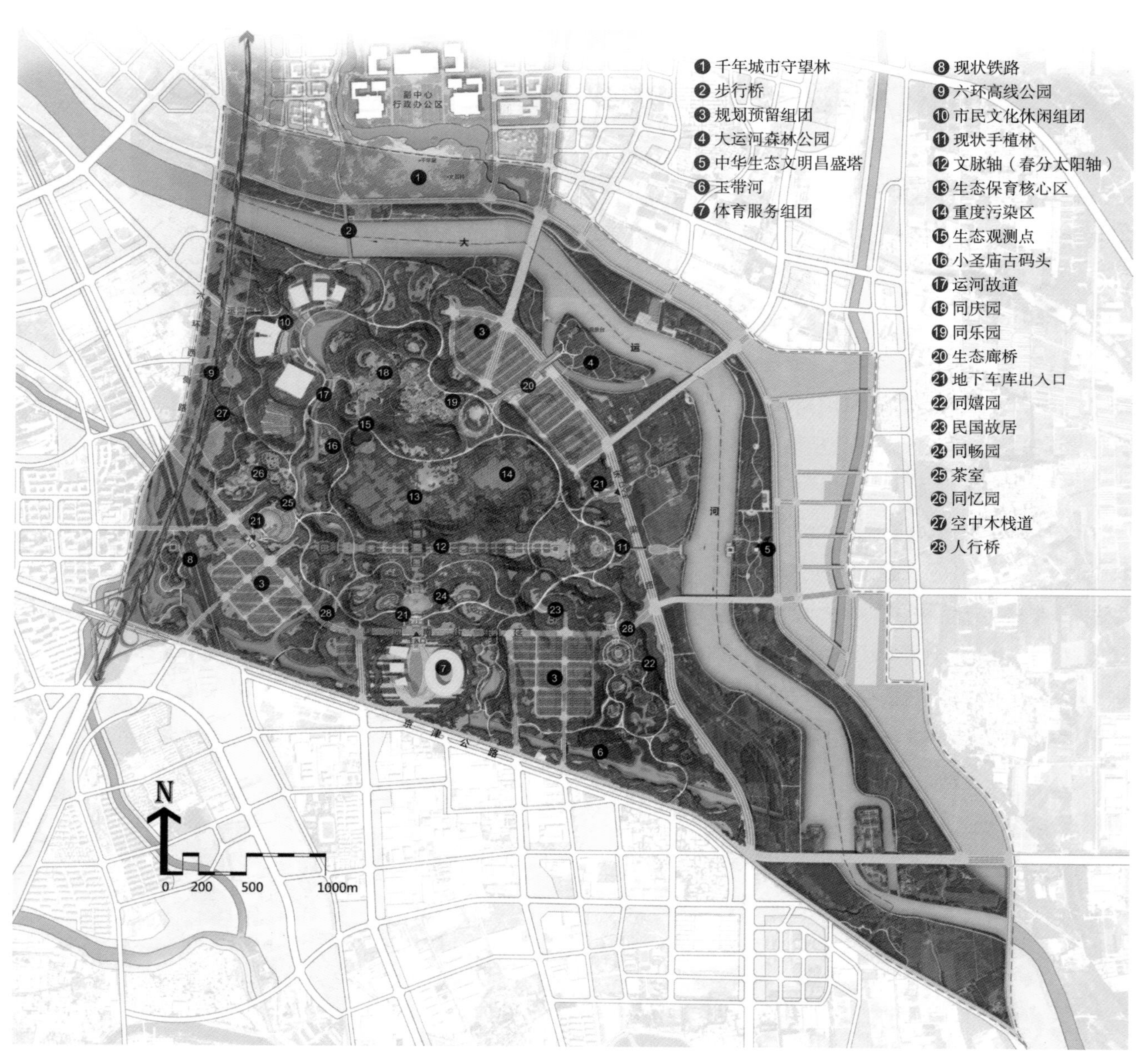

总平面

城市绿心所处的地理位置，决定了它应成为体现新时代生态国策的象征“心”。为突出绿心“心”的形象，协调周边景观，地势整体向北延展，与运河北岸的“千年守望林”气韵联通，形成开合有致、一气呵成的整体形象。同时，绿心以生态修复保育作为基础，以林丘为风貌，以市民为本，融入各年龄段市民休闲娱乐活动的绿色空间。

本方案突出“千年脉，万众心”的设计主题，延续中华生态文明传承，体现城市与时代精神，使之成为市民的活力中心与精神家园，它具有标识性、复合性和共享性。

总体鸟瞰

3 空间结构

借鉴三山五园“一轴联数环”的布局模式，结合主题，规划形成“一轴、一核、两环、五园、十五林坛”的空间格局。

一轴：文脉轴，又名春分太阳轴。

一核：生态保育核心区。采用近自然林种植方式修复棕地，内设5处生态监测及教育示范基地。

两环：市民公园环——围绕生态保育核心区，设置市民公园环，满足市民各类休闲活动需要。林城交融环——位于公园环外侧，设置林城交融环，注重林丘与建筑组团天际线的营造，突出“林城交融”特点。

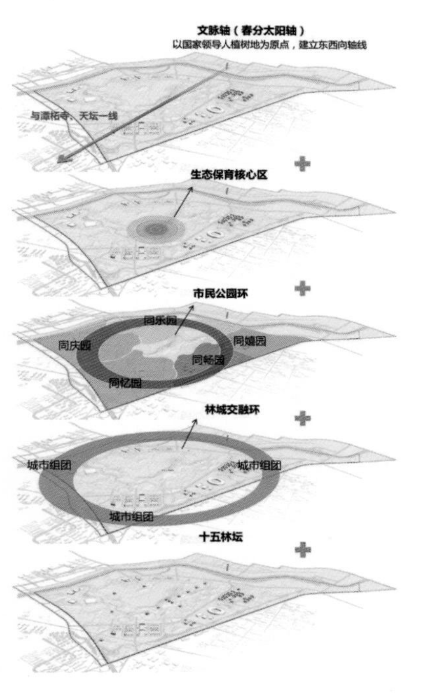

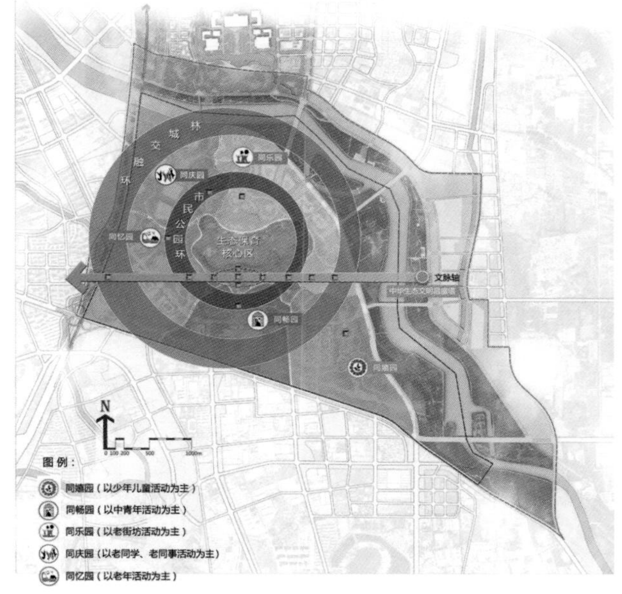

空间结构

五园：在市民公园环上，以不同年龄段活动为特色，设置5个林地公园。同嬉园（以少年儿童活动为主）、同畅园（以中青年活动为主）、同乐园（以老街坊活动为主）、同庆园（以老同学、老同事活动为主）、同忆园（以老年活动为主）。

十五林坛：以国家领导人植树地为原点，建立场地东西向轴线。由轴心向外发散，形成全园15个林坛景观。

5 号国际征集应征设计方案

北京市园林古建设计研究院有限公司
戴水道景观设计咨询（北京）有限公司

1 设计愿景

水清郁林涧，悠然满潞城。

总平面

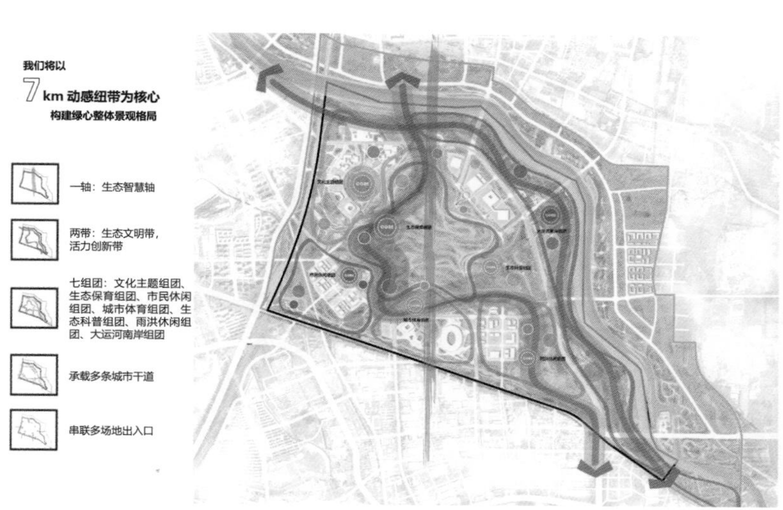

规划空间结构设计

整体鸟瞰

2 设计理念

借鉴与运用古老的东方智慧是我们解题的思路本源。

道以自然：生存智慧来源于生物对环境的适应，因而生存智慧就是生态智慧。在东方古代的文化传统中就产生过非常深刻的生态直觉。其中在《周易》、儒家道家的经典著作及文献中均有大量记载。人类既要改造自然，又要顺应自然，要调整自然使其符合人类的生存愿望。既不破坏自然，也不屈服于自然，而以天人相互协调为理想目标。这也是本方案规划设计的基础理念与指导思路。

术为万物：昆仑在古代为神话中的仙境，百智相聚之地，是中华文明的起源之地。我们以昆仑模式和圆明园九州景区为例进行分析总结，将古代造园智慧应用在园区建设上。本方案对生物和自然环境的思考融入造园中，通过意境耆造和写意、移步异景、模仿自然等中国古代造园手法的运用，营造了不同的景观意趣，使人游赏间得到视觉和精神满足，力求达到自然与人类和谐共存、天人合一。

3 规划方案构思

文化包容性、功能复合性及生态多样性是东方造园艺术的精髓，设计将通过三个层次的实施途径，21 个具体实施措施来实现我们对绿心的美好愿景。

串联的水系结构，不仅为游览提供良好的空间体验，同时也为生物栖息与生态联系提供必要的场所与通道。构建生态通廊，有效连通场地内外，未来的绿心将成为整个区域最佳的生物栖息之所与生态连通核心。环形的交通流线系统将场地各功能区紧密地联系在一起，也会构成丰富的游览路径。

4 规划设计空间结构

方案以 7km 动感纽带为核心构建绿心整体景观格局，打造“一轴、两带、七组团”的景观空间结构。

一轴：生态智慧轴。

两带：生态文明带，活力创新带。

七组团：文化主题组团、生态保育组团、市民休闲组团、城市体育组团、生态科普组团、雨洪休闲组团、大运河南岸组团。

6 号国际征集应征设计方案

怡境师有限公司（HASSELL Limited）

1 设计愿景

二十四季境森林——一个随节气变化与城市共同成长的多样性森林。

2 设计理念

我们有意了解如何建立多样性森林的思路。在某种程度上，这也可以理解为指导手册或指导方针，据此随着时间的推移建立能够始终创造生态和文化价值并体现通州特色的多样性森林。

引用琼·艾弗森·纳索尔（Joan Iverson Nassauer）的话来说就是“凌乱的生态系统、有序安排的框架”。纳索尔表示，为了实现环境的生物多样性和生态价值，我们也需要重视环境的文化因素。为了实现这个目标，环境需要得到照料，仿佛有人在管理它一样。

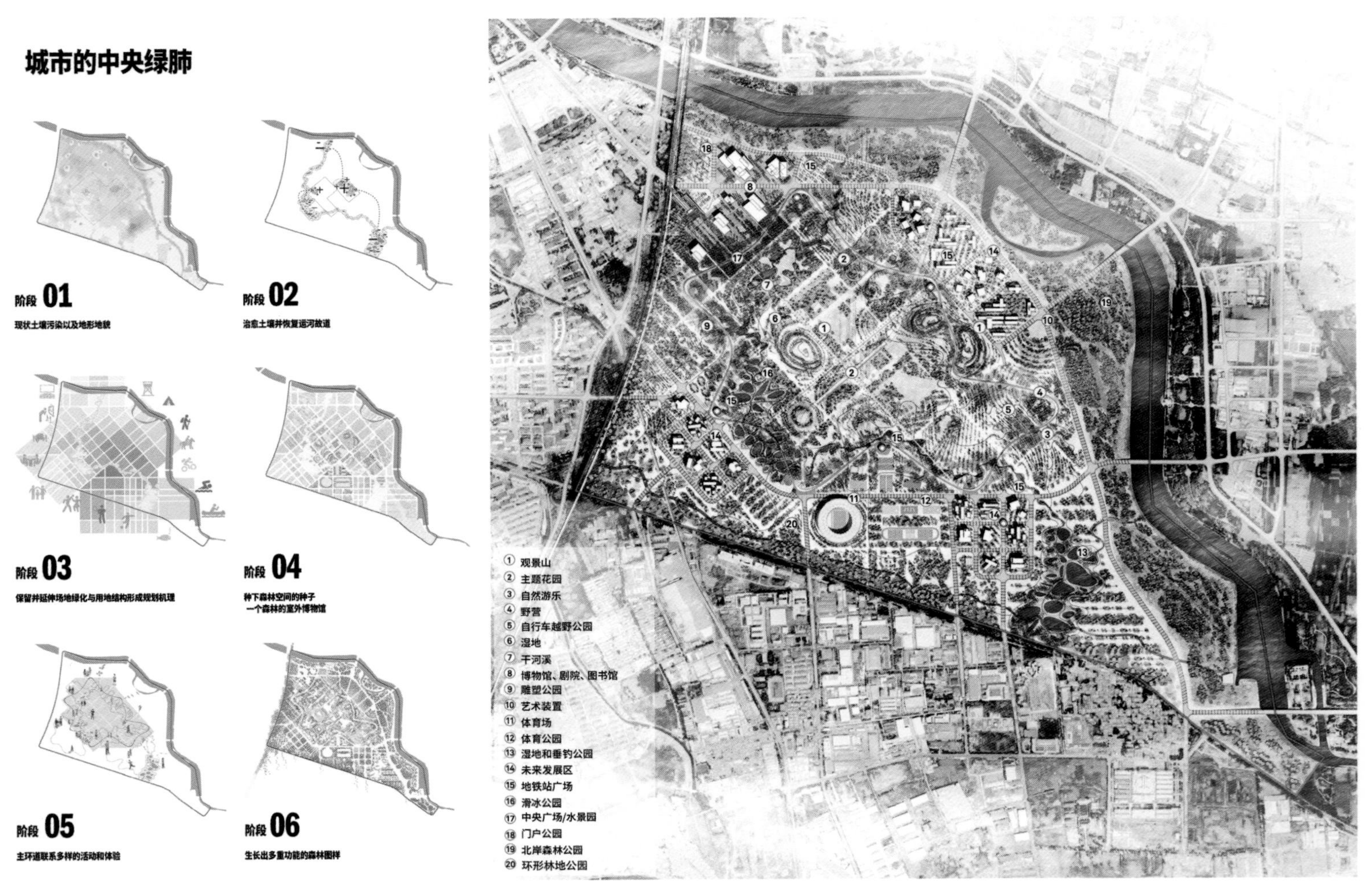

规划总平面

由此，我们将此思路归纳为“经过设计的自然森林”——一个基于各种图案（参考了通州和中国的整体情况以及两者之间的关系）的森林空间组合。这些森林空间也形成了包含一个个可在一年中各时间段进行体验的多样化功能和活动的结构。

久而久之，森林的特性会发生变化，原来构建的网格结构会逐渐分解，并与原生基地的条件产生联系。

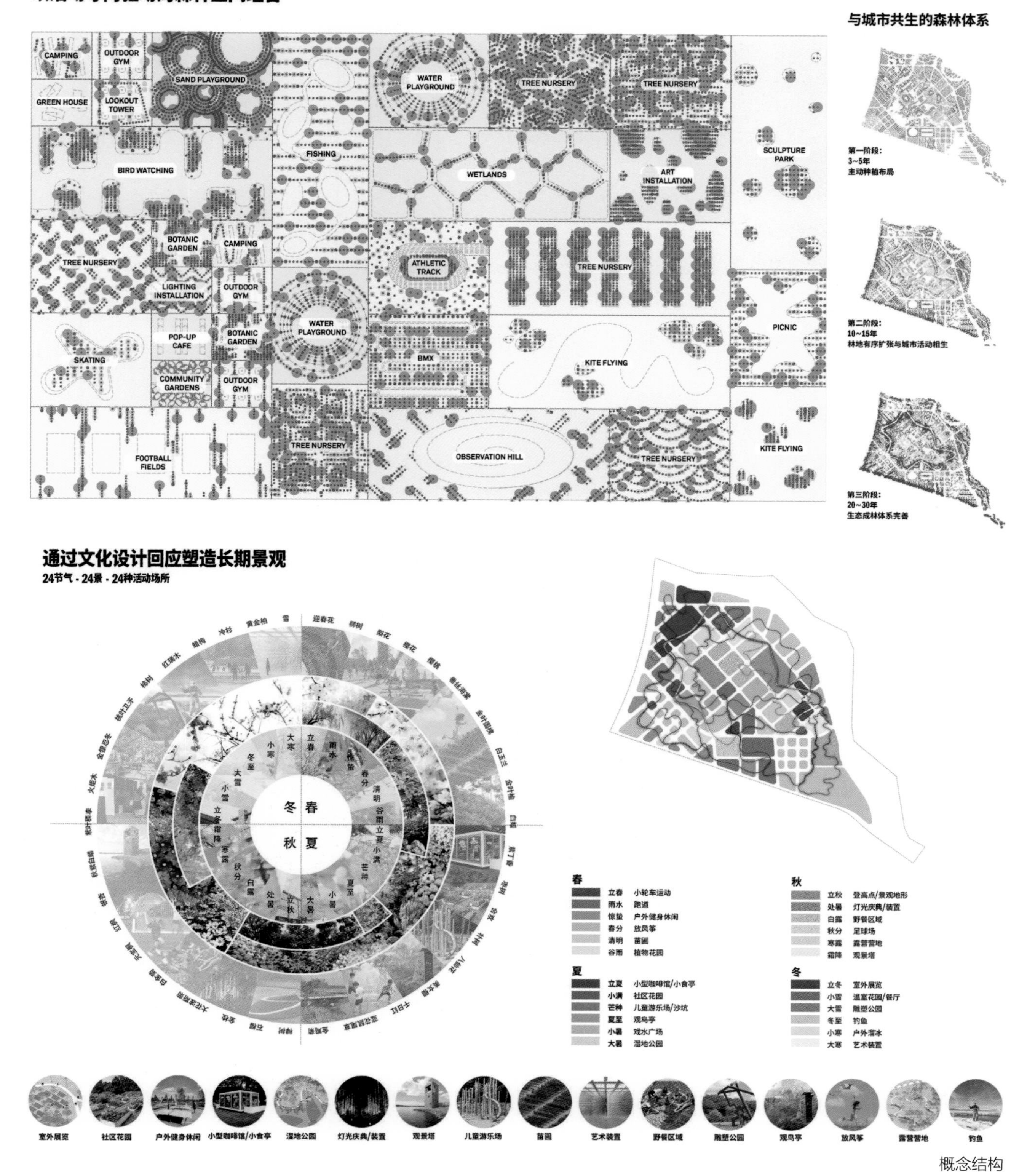

概念结构

整体鸟瞰

3 规划方案构思

融合中国传统文化智慧与现代造林技术的“二十四季境森林”的设计，以二十四节气为设计驱动，打造深受人们喜爱的场所。怡境师/Hassell在2018年以“节气森林”这一设计概念成为城市绿心森林公园整体概念性规划设计方案的优胜之一。而融合了传统文化智慧的24种节气森林也成为贯穿城市绿心森林公园中最重要的设计元素——整个公园按不同节气进行划分，凸显出不同节气的林相变化与物候特征。

通州作为北京城市副中心，城市绿心森林公园将为其发挥“城市绿肺”的作用。公园位于大运河通州段南岸，拥有两千多年历史的大运河历来是城市的商业文化中心，而随着森林公园的建成，一度沉入历史长河的文化景观盛况将重回人们的生活，并成为整个通州最具有代表性的场所之一。

总体规划提出了灵活的设计框架，让森林公园能够随着时间的推移自然生长。框架包括二十四节气林窗，每个节点由呼应该节气的特色植栽进行景观设计，并依据各节气的物候特征强化各类节气活动，如鸟类观测、户外生态教室、儿童游乐、采摘果树、运动场地、雕塑公园等，吸引人们在全年的不同时段前来，让人们在林间体验中实际感受到传统节气的环境特色。如此大规模森林公园的建设是否成功，不仅取决于景观在开园的几年内能否表现出生机勃勃的活力，更重要的是十年乃至几十年后森林体系成形并进入成熟的生长期时，公园是否还能成为城市居民的自然活动中心。

下篇　规划设计

1 总体设计

1.1 指导思想

贯彻落实党的十八大关于推进生态文明建设的战略部署；

贯彻落实习近平总书记参加首都义务植树活动的讲话精神；

贯彻落实北京市委常委会在研究 2018 年北京城市副中心重大工程行动计划的会议精神。

1.2 设计目标和愿景

营建开放共享的市民活力中心、多元体验的生活风尚中心、科学有序的生态治理示范、永续生长的生态城市森林、东方智慧的特色文化名片；

在北京城市副中心形成具有百万乔灌树木、百种乡土植物、二十四节气林窗、四季景观大道、万亩城市森林的“千年惠林”。

1.3 设计理念

设计方案秉承“近自然、留弹性、活文化”三大设计理念。

近自然：以近自然的方式实现生态修复，营造近自然的森林景观和滨水空间。

留弹性：由于北京城市副中心的建设处于初期，绿心公园周边的城市配套设施尚未成熟，作为成长型公园，在空间布局中给动植物的生长留弹性，给雨水的蓄滞留弹性，给人的活动场所留弹性。

活文化：景观塑造上运用传统造园艺术手法，结合运河文化遗迹、场地特色文化和传统生态文化元素，创造有生命力的文化载体。

1.4 设计原则

1.4.1 尊重自然、生态优先

营造完整的近自然城市森林系统，从土壤、水系、植物等全生境要素入手，为生物多样性、动物栖息创造条件。

1.4.2 统筹功能、合理布局

在功能布局上协调人与自然的关系，营造林园相依、林园相融、廊道相连的城市绿色开放空间，以生态为核的同心圆结构，有序组织、合理协调了生态保护和市民使用的空间关系。

1.4.3 师法自然、科学配置

以自然之美，构造具有时代意义的森林景观系统，科学利用植物配置营造林相分明的森林景观系统，用近自然手法创造自然风景。

1 立春寻梅
2 雨水临塘
3 惊蛰启户
4 春分木笔
5 清明咏风
6 谷雨润香
7 立夏槐荫
8 小满沁芳
9 芒种勤耕
10 夏至颐和
11 小暑促织
12 大暑清荷
13 立秋鸣蝉
14 处暑飞芒
15 白露荻雪
16 秋分望月
17 寒露凝秋
18 霜降丹柿
19 立冬新柏
20 小雪听篁
21 大雪松涛
22 冬至数九
23 小寒巢鹊
24 大寒迎岁
25 丹林相望
26 上上码头
27 东方厂址
28 运河故道
29 碧林涵虚
30 生命年轮
31 林海晨光
32 雁沐霞林
33 千年惠林
34 福泽樱暖
35 时光记忆
36 玉带花溪

实施总平面

北向南鸟瞰

1.4.4 生态治理、生态修复

用生态办法解决生态问题，利用自然生命力修复重污染区域，恢复自然生态系统，给植物生长留时间和空间，建立可持续的发展新思路、新模式。

1.4.5 开放共享、功能复合

坚持以人民为中心的思想，打造功能复合、开放共享、绿道串联的森林公园，满足市民运动休闲、文化交往和旅游观光的多样需求。

1.4.6 东方智慧、文化传承

践行北京文化中心建设的要求，萃取中国传统生态文明智慧之精华，融合世界先进生态技术，并把地域文化、园林文化和节气文化创新性地营造成多文化融合的生态景观典范。

南向北鸟瞰

1.5 结构布局

基于场地的现状特点，综合考虑生态空间、文化特色、交通流线和市政配套等多种因素，设置由内向外生态功能逐步递减、游憩功能逐步递增的同心圆结构，形成“一核、两环、三带、五片区”的结构布局。

“一核”即生态保育核，原东方化工厂是生态保育核的核心区域。

“两环”即动感活力环和二十四节气环。

“三带”即现状大运河文化带、规划六环公园带和运河故道景观带。

“五片区”即文化区、市民区、体育区、雨洪区、科普区。

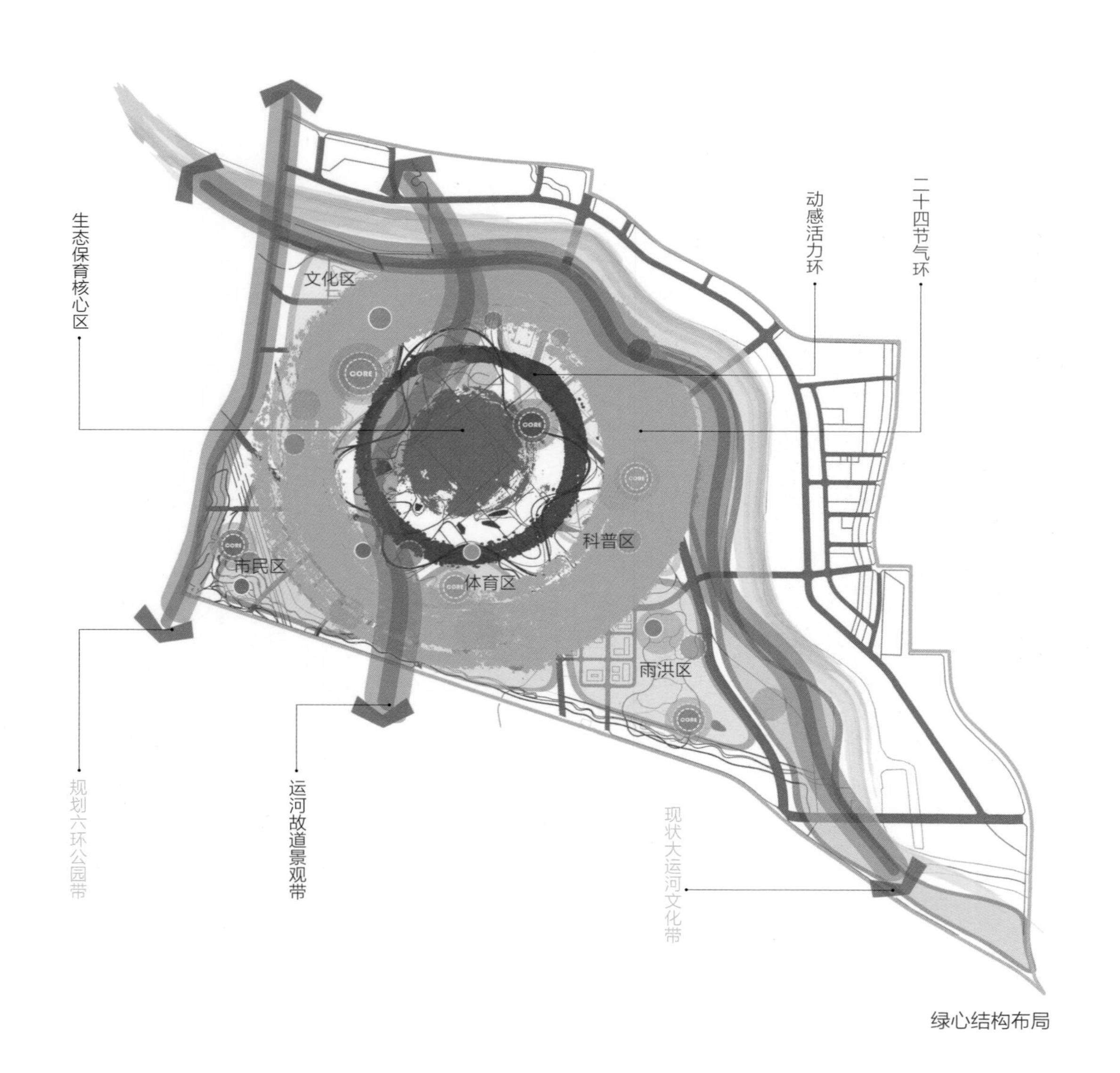

绿心结构布局

2 专项设计

2.1 竖向设计专项

城市绿心森林公园整体地势平坦，西北高东南低，与北运河的整体流向相一致。地势低洼，受外部水系北运河防洪水位和玉带河东支分洪限制，园区在暴雨期需自蓄，要充分利用绿心内绿地空间蓄滞五十年一遇雨水，自行消纳，待机排水。绿心区域外部雨水不流入，内部五十年一遇雨水不外排，待南侧河道玉带河东支洪水降低到一定水位后，启动公园与玉带河东支的连通闸，将涝水排出。另外，由于大面积的拆迁腾退，场地内有大量的建筑垃圾需要消纳。因此，城市绿心森林公园的山水骨架必须要起

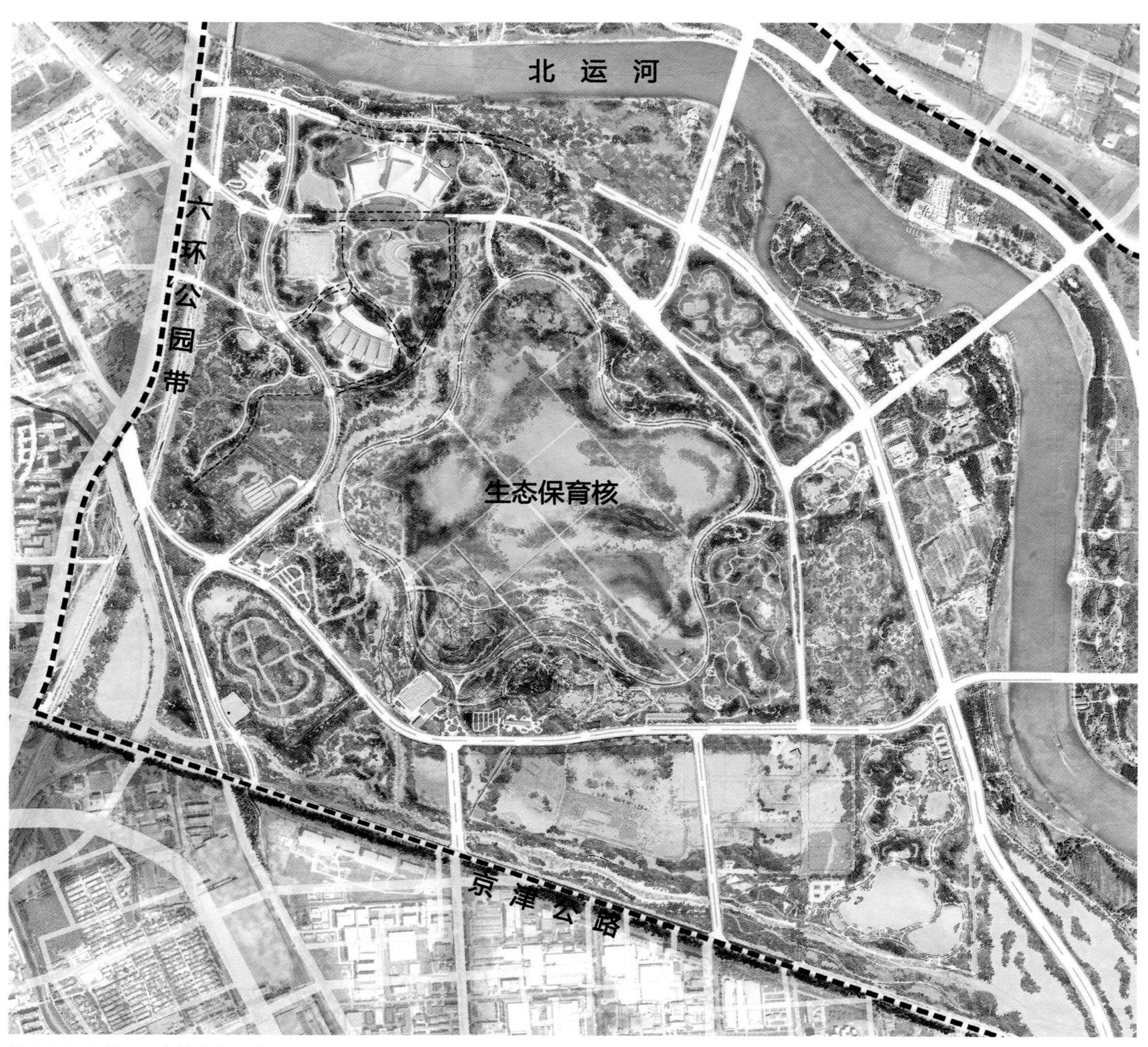

城市绿心森林公园山体分布示意

到疏导地表径流和组织排水的功能，同时尽可能消纳建筑垃圾。绿地的原始高程较市政道路和规划建筑低 2~3m，由于环保的需求，中心部位是原东方化工厂的区域不能下挖扰动，仅能覆土修复，因此平地堆山形成的微地形体系，构成了整个园区的骨架。

城市绿心森林公园的整体地形脉络承接了副中心西北敞东南挡的大势，由外而内，西北部的三大文化建筑（剧院、图书馆和博物馆）之一的剧院为最高点（建筑正负零 23m，高度 57m）。由此出发，依据现状土壤修复和生态功能的需要，在城市绿心内部自西北向东南塑造了两条主要的微丘绿脉，划分出生态保育核和外部的森林游憩区，在游憩区内设置微地形体系，组织游览空间，并创造了不同尺度的汇水单元，将夏季滞涝问题化整为零。雨水资源充分利用，形成兼顾景观效果和蓄排雨洪功能的独特山水景观。

明代计成的《园冶》提出了园林营造的山水比例：“约十亩之基，须开池者三，曲折有情，疏源正可；余七分之地，为叠土者四……”。为了保证足够的雨洪蓄滞空间，城市绿心森林公园内具有常水位的水面面积仅为 19.2hm^2，但被地形分隔出来的可蓄水的下凹空间占比达到了 103hm^2，山体的底面积约为

城市绿心常水位布局与山体分布示意

86hm^2，山水的比例约为 0.8:1，基本符合中国古典园林中的经典山水比例。

在城市绿心森林公园这种大尺度的空间内，山水的形态不是单一的。以自西北向东南的两条微丘绿脉为主，划分出生态保育空间和森林游憩空间，而主脉向两侧分出多条次脉，次脉又分出小脉，脊脉流动，逐级派分，尽量模拟自然中的形态，这样就形成大空间包含多个小空间，通过不同的高宽比值、山水布局，一个个山水小空间有开有合、有聚有散。同时大部分山水空间的西北面多为环山，东南面相对开敞，地形也相对较小、较低，呼应整体的地势，也可抵挡北方地区冬季的西北寒流，塑造空间的小环境。

地形的处理使得整个园区地形细致委婉，山体连绵不绝，对外弱化了城市界面的视觉高差，对内围合分隔出多层次的景观空间，形成“层次丰富，步移景异”的自然空间变化。当然微地形的处理方式较之大山大水的塑造也是最为节约和经济的手法。

城市绿心五十年一遇可蓄水区与山体分布示意

2.2 种植设计专项

植物绿色空间规划紧紧围绕“一核、两环、三带、五片区”的公园总体布局结构展开。发挥生态修复功能，构建近自然的生态保育核心区；突出绿荫游赏体验，建立主要道路广场林荫体系；传承传统节气文化，展现四季变换的植物景观节点；演绎五大片区主题，塑造各具特色的植物景观风貌。

2.2.1 一核——生态保育核

生态保育核的首要功能是生态修复。通过保留场地原生植被、植物播种、小苗密植等多种方式，科学布局密林、疏林、灌草林等不同类型的植物群落，构建以先锋植物、乡土植物、固氮植物、长寿树为主体的近自然森林植物群落。基调树种主要有白皮松、油松、北京桧、元宝枫、小叶白蜡、国槐、栾树、刺槐、银杏、杨树（雄株）、柳树（雄株）；先锋树、乡土树及固氮植物主要有杨树、柳树、刺槐、构树、小叶朴、苦楝、紫花苜蓿、胡枝子；长寿树主要有国槐、银杏、侧柏、油松、白皮松等。

在动物行为学专家的指导下，保育核内预留动物迁徙廊道，构筑居住巢穴和小型水源地，并种植一定比例的食源、蜜源植物，为各种鸟类、小型动物营造栖息地。环生态保育核外围设置宽60~80m的生态缓冲带，结合铁艺围栏及黄刺玫等带刺灌木阻隔人为活动对小动物的干扰。

2.2.2 两环——星形园路环与二十四节气环

星形园路环是全园的主要交通游览环，全长5.5km，重点强化100%绿荫覆盖下的森林游赏体验。沿8m+3m宽的双幅路序列栽植4排小叶白蜡和2排银杏，共计6000株高大彩色叶乔木，形成秋季金色星形大道的景观特色。行道树外侧的植物配置与开合自然的园路及高低起伏的地形相得益彰，形成或开敞或郁闭的植物空间。上层骨架植物种植高大乔木如国槐、栾树、元宝枫、华山松、油松等，林缘及路缘处丰富中下层季相层次，种植亚乔木、灌木丛、观赏草及耐阴地被组合，呈现春赏桃李、夏伴梧桐、秋染银杏、冬日映雪的四季森林景观。

二十四节气环是串联星形园路两侧24个节气林窗的特色文化环，主要围绕城市森林定位，以植物为重要载体，表达森林植物与传统节气文化之间的密切关系。依据《逸周书·时训解》中关于七十二候“候应”的文化线索，每个节气林窗选择一种节气树作为基调树种，比如立春的香椿、春分的玉兰、夏至的合欢、冬至的油松，采用片植、丛植的种植方式传达24个节气特色化、差异化的植物文化景观。此外，辅以一定比例的具有当季物候特点的乔灌草品种，自然式、精细化配置，兼顾一年四季的植物观赏性。

2.2.3 三带——六环路公园带、大运河文化带、运河故道景观带

运河故道景观带位于城市绿心的西部片区，全长2.5km，是一条呈南北走向贯穿全园的文化景观带。植物设计主要围绕运河故道两岸展开，空间布局上，两侧绿林夹水，中央视线通透，营造柳岸垂堤、芦荻飞花的带状滨水绿廊景观。

植物选择上考虑季节性降雨的水位变化，兼顾耐干旱及耐水湿习性，乔木品种主要有垂柳、旱柳、小叶白蜡、丝棉木、元宝枫，亚乔木及灌木主要有西府海棠、山桃、山杏、连翘，水生湿生植物包括芦苇、荻、千屈菜、水生鸢尾、荷花、睡莲、晨光芒、细叶芒等。

大运河文化带为现状，六环路公园带正在规划中，因此不在本书中作介绍。

2.2.4 五片区——文化区、市民区、体育区、雨洪区、科普区

五片区承载着日常休闲、主题游乐、生态观光等功能，体现了城市绿心作为市民活力中心的功能特点。

（1）文化区：位于城市绿心三大建筑周边，植物风貌遵循全园的整体风貌控制要求，重点强调秋冬季相色彩。植物配置方面运用园林化、景观化的设计手法，呈现雁沐霞林、绿岛林语、花堤雨溪、林源撷趣等特色植物景点。植物品种以乡土植物为主，同时配以色叶树种、新优品种及鸟嗜蜜源树种，包括元宝枫、银杏、栾树、槭树类、华山松、白皮松、黄栌、茶条槭、金银木、北美海棠等。

（2）科普区：植物设计以北京地带性森林群落为蓝本，运用近自然混交林、复层林、异龄林方式营建近自然的森林生态系统，从而发挥森林的生态价值和科普教育价值。该片区重点展示北京和通州地区的特色乡土植物，乡土植物占比和乡土植物品种堪称全园之最。主要包括毛白杨、新疆杨、银中杨、加杨、垂柳、旱柳、刺槐、国槐、臭椿、榆树、栎树、枣树、桑树、柿子、流苏、山桃、山杏、锦鸡儿、胡枝子、忍冬、文冠果、糯米条、绣线菊等。

（3）雨洪区：是以蓄涝景观湖为代表景点，体现海绵城市设计理念的功能片区。结合景观湖、潜流湿地、溪流、生境岛等多样湿生环境，设计了大尺度、多品种的水生湿生植物景区，湖区两岸种植垂柳、馒头柳、丝棉木、垂丝海棠、西府海棠、红瑞木等耐旱、耐湿植物，滨水及生境岛处种植千屈菜、芦苇、香蒲、菖蒲、水生鸢尾、红廖、马蔺、大花萱草、水葱等水生、湿生植物，形成自然野趣的湿地景观。此外，结合市民春季赏花需求，在湖区北部打造了一处 5hm^2 的特色樱花主题园。樱花庭院内共计种植樱花 8 个品种、600 余株，主要品种包括关山樱、一叶樱、染井吉野、阳光樱、大山樱、普贤象、松月、江户彼岸，周边辅以桃、杏、海棠等春花植物，营造早春 4 月杨柳拂堤、春花烂漫的精致景观。

（4）市民区：该片区是市民日常进行休闲健身的主要场所，植物设计主要围绕儿童游乐区、休闲健身区展开，种植观赏性强、林荫覆盖率高的植物品种。整体植物风貌突出春季色彩，种植观赏梅、海棠、碧桃、玉兰、樱花等，形成多个特色鲜明的专类植物景点。在活动场地及园路周边种植冠大荫浓的高大乔木，如国槐、法桐、小叶白蜡，满足林荫舒适的休闲体验。

（5）体育区：遵循全园的整体植物风貌控制要求，植物设计重点强调夏季季相主题，以高大乔木为主，营造活力运动、绿荫环抱的片区特色。乔木品种有国槐、法桐、梓树、栾树、杂交马褂木、秋紫白蜡等，中下层植物有丛生紫薇、木槿、华北紫丁香、北京丁香、流苏、红王子锦带、粉公主锦带、绣线菊、大花金鸡菊、宿根天人菊、蛇鞭菊、柳叶马鞭草等。

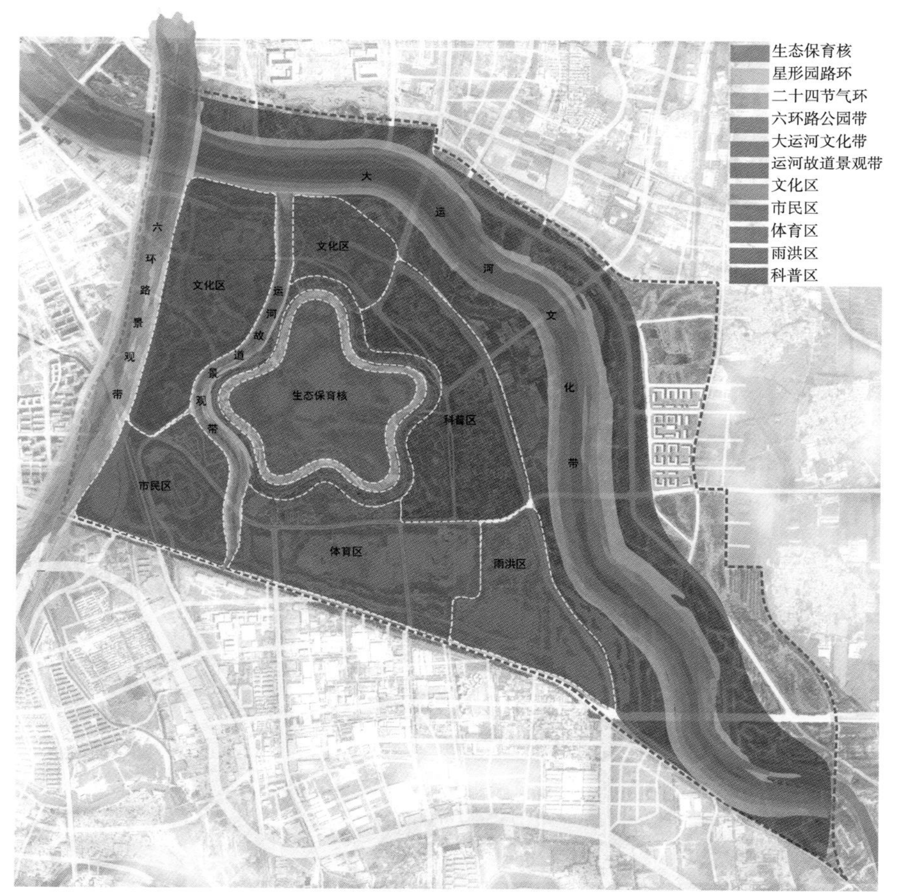

总体植物规划

2.3 传统文化传承与发扬

2.3.1 中国特色的二十四节气文化

二十四节气是通过观察太阳周年运动，认知一年中时候、气候、物候方面的变化规律所形成的知识体系，它把太阳周年运动轨迹划分为24等份，每一等份为一节气，始于立春，终于大寒，周而复始。二十四节气是中国人与自然宇宙之间独特的时空观念，反映了中华民族最朴素的生态观，人们遵循物候变化、植物生长等时令规律，形成了顺应时令的各种衣食住行、社会习俗，是中国传统文化的重要组成部分。

二十四节气的生态文化内涵主要体现在：人对自然规律的认知，物候变化、植物生长遵循时令规律；人的衣食住行、社会习俗等日常活动顺应时令规律。

城市绿心以密林、疏林、灌草和湿地等多种森林生境为载体，营造节点，讲述森林中的故事，传递中华民族的传统生态文化。在城市绿心的标志性景观——5.5km森林游憩环路沿线营造了24个节气林窗，选取代表当季物候的节气树种作为基调树种，并通过各类体现当季物候的乔灌草自然种植，体现季相变化，辅以节气主题的景观小品、文化标识、节气活动，展现了中华民族象天法地、天人合一的生存智慧

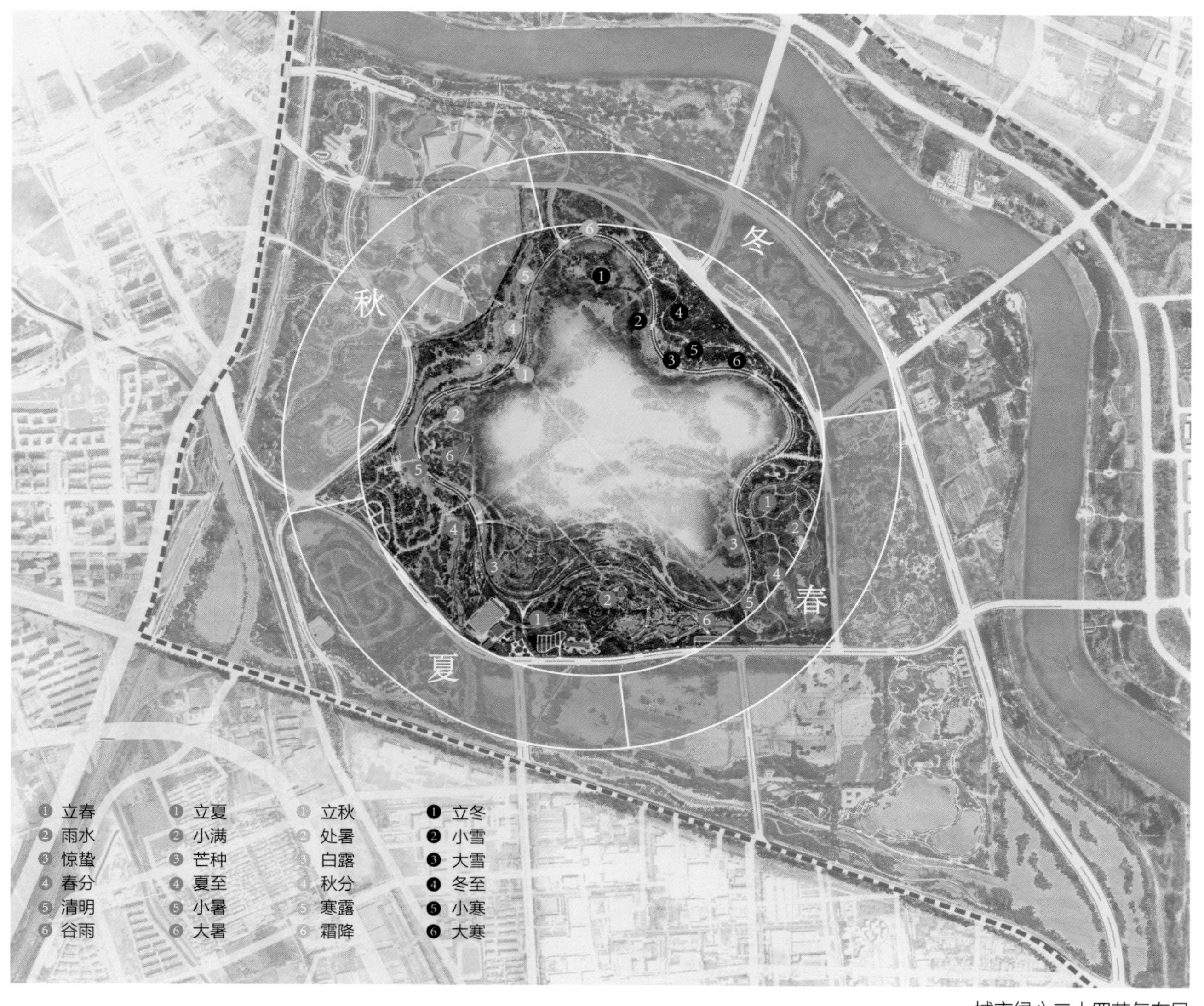

城市绿心二十四节气布局

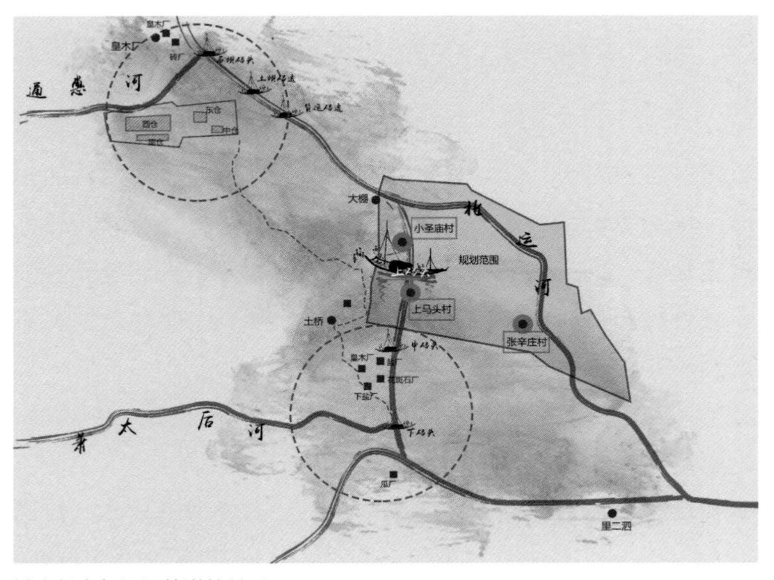

城市绿心与运河故道的关系

和朴素的生态观念。同时，林窗中的设计布局、景观构筑、植物营造、道路铺装都围绕《逸周书》[①]中关于七十二候“候应”衍生出每个节气的“新三候”景观，展示节气文化内涵，传播传统生态文化。

2.3.2 通州特色的运河地域文化

历史上，北运河是一条通向北京的重要漕运河道，张家湾曾是海运、河运和陆运的起点，亦为南来货物的终点，南北物资交流的集散地。各类船只在此停泊、转运，官民商绅多在此换乘休憩。因此，张家湾不仅设有漕运衙署，还有各类仓场、诸多坐商，商业经济十分发达。运河故道在清嘉庆十四年之后改道，改由现北运河位置重新修建运河段，此段运河废弃。这段位于京郊重要漕运码头上游的辅助及过境段水路，于公元 1293 年开通，距今已有 728 年历史，后经明清两代 400 年辉煌期（1368—1802 年）。如今，“故道”成为绿心内运河段的一大特点。

张家湾的码头，历史上称为下码头。在明朝中期，由于通惠河久治而不彻底，南来漕粮只能在张家湾转运，陆路运至通仓和京仓，十分艰难困苦。经过努力，由张家湾向北疏浚一段至张家湾北码头的地方，居运河上游，形成村落后以码头而名，故名上码头。

城市绿心地区不仅有北运河，还有运河故道和小圣庙遗址等古迹，延续着千年中华文脉。城市绿心设计建设深入挖掘运河文化，参照清朝《潞河督运图》画轴，提炼出建筑、船只、街道、农田、码头，从历史文化研究中提炼与运河相关的文化元素，通过故道遗址展示、历史情景再现和河岸生境重塑等方式，设置了传承运河文化的“一故道、两柳堤、三景区、八节点”。市民可深入游赏互动，使运河文化不再遥远，游人可以深刻融入，体会运河文化的包容性、开放性、向心力，以及民族交往、交流、交融的血脉联系。

绘制于清朝乾隆年间的《潞河督运图》描绘了漕运河道的繁荣景象，画中河道上漕船穿梭，河道两岸桃红柳绿，田园、农舍、店铺、寺庙错落有致，随处可见商贾、官吏、船工，一派繁忙景象

---

① 《逸周书》为汉代著作。其中的《时训解》一卷，以一年为二十四节气，每个节气定为三候，每隔五天一候。如“立春之日，东风解冻；又五日，蛰虫始振；又五日，鱼上冰”。

北运河故道流经城市绿心公园，原东方化工厂西侧。运河故道公园内展示段全线长 2.5km，整体宽度为 50~60m。整体以自然生态的空间尺度展示为主，结合绿心的雨水收集综合利用，运河故道沿线展示运河改道前、后的景象。河岸大部分区域采用自然驳岸，局部为垂直驳岸，示意型复原漕运时和改道后的景象。运河故道两岸用垂柳和芦苇等有历史记载的植物界定空间体量和绿色廊道，结合枯水期、丰水期、雨洪消纳期形成弹性蓝绿互动。

城市绿心设计从历史文化研究中提炼与运河相关的文化元素，展示历史文化脉络。根据文化研究，在运河故道结合文化融入内容设置寒露凝秋、秋分望月、白露荻雪、漕船印象、上上码头、小暑促织、芒种勤耕、玉带花溪等景点，传承和弘扬运河文化，构成森林公园的系列景观。

2.3.3 场地特色的工业遗存文化

挖掘工业遗址资源，活化利用工业遗产。通过对东方化工厂、东亚铝业、东光实业和造纸七厂等工业遗产的留存改造，承载了新中国几代人在隆隆的机器声中艰苦奋斗的集体记忆，也为市民提供了体育、文化、休闲等服务功能，表现了工业发展向绿色生态发展的迈进。

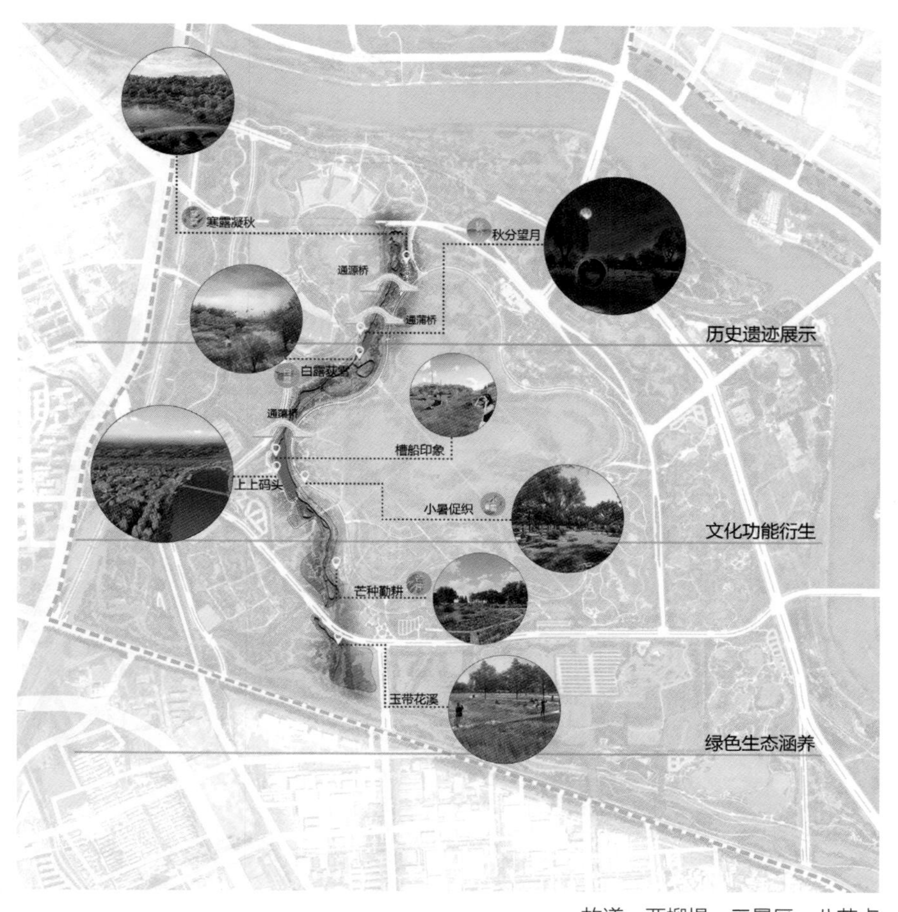

一故道、两柳堤、三景区、八节点

东方化工厂原状

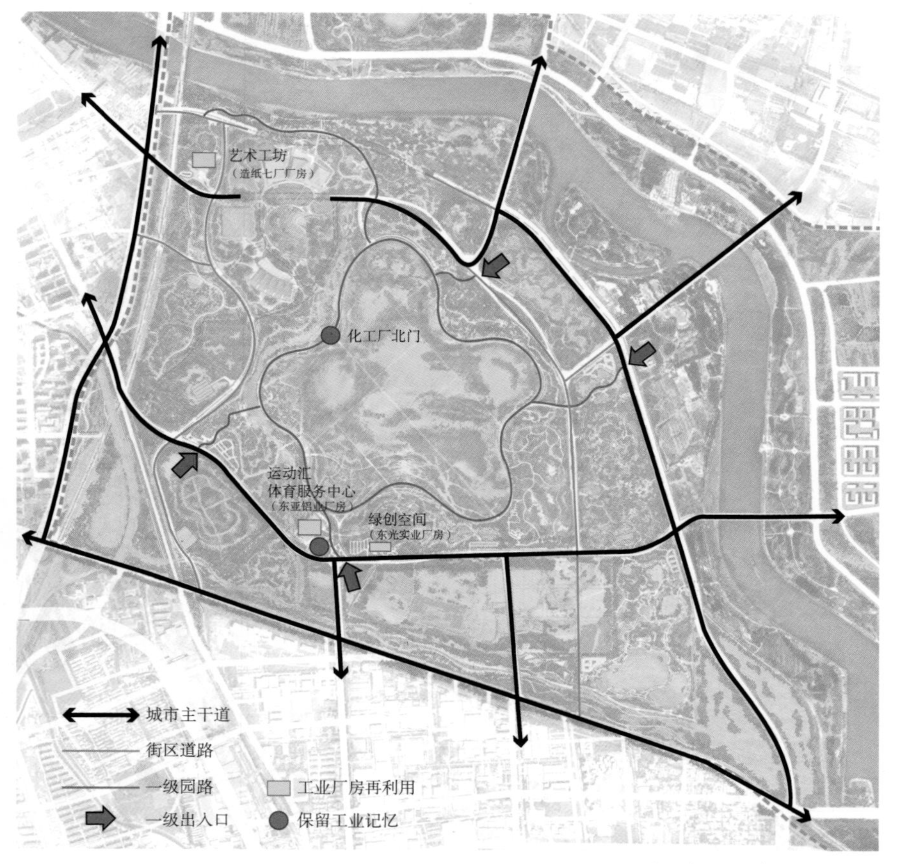

工业记忆和厂房再利用情况

2.4 功能复合的配套服务设施规划

为民惠民，建设功能复合、配套完善的绿色休闲空间。长 5.5km 的星形动感活力环由 8m 宽的骑行道和 3m 宽的漫步道构成，满足市民跑步、骑行、健身的需求。环形路沿线序列种植 4 排白蜡和 2 排银杏，共计 6000 株高大彩色叶乔木，秋天形成金色星形景观大道。

主园路系统与城市道路无缝对接，满足交通需求；设置三级出入口连接轨道交通，布置多种停车设施，引导市民绿色出行；小型机动车停车场预留 20% 充电桩车位，目前电量及接电口已经预留，后期运营部门可直接安装充电桩等设施；除大巴车停车场外，其他小型机动车及自行车停车场全部为林荫停车

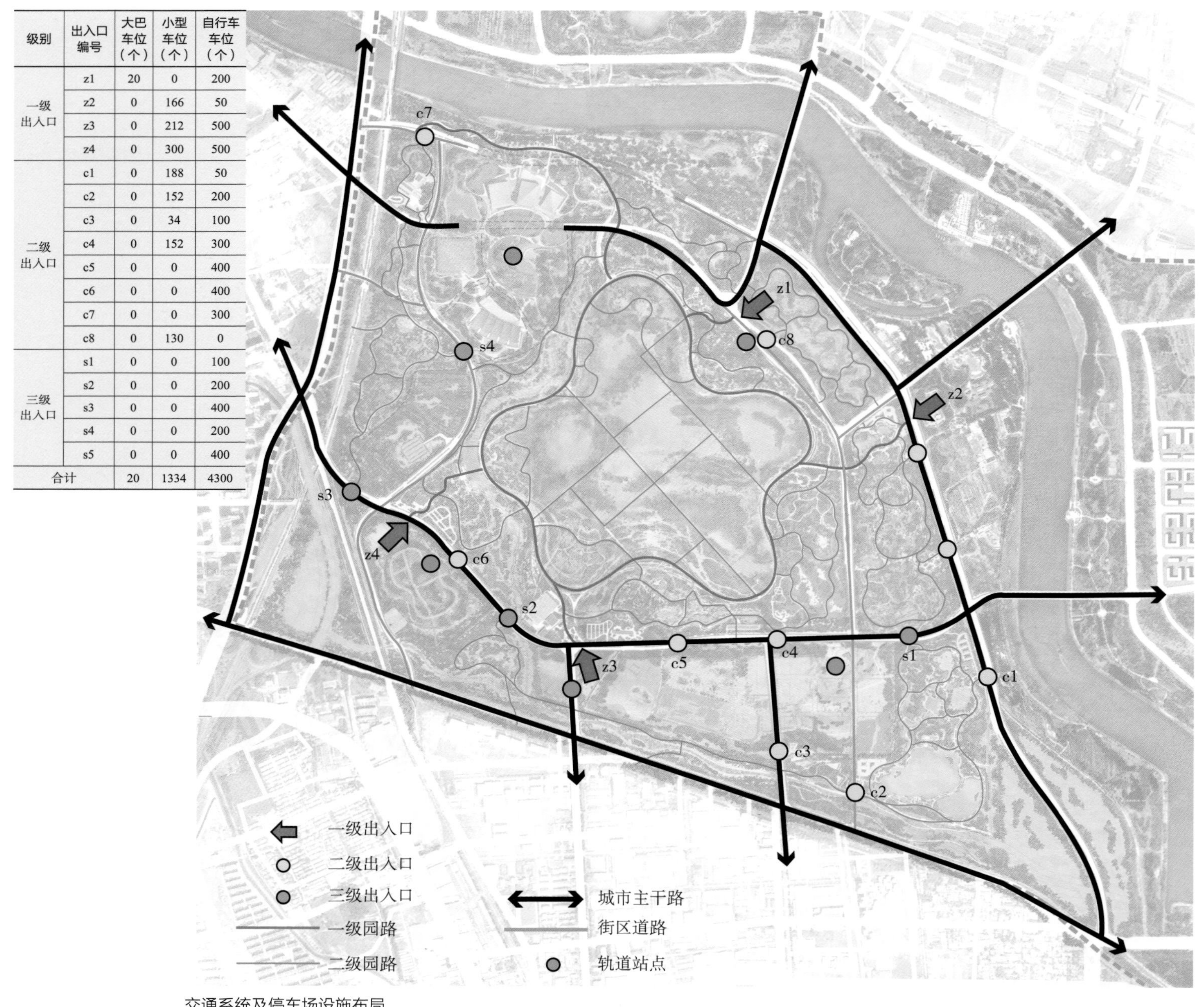

级别	出入口编号	大巴车位（个）	小型车位（个）	自行车车位（个）
一级出入口	z1	20	0	200
	z2	0	166	50
	z3	0	212	500
	z4	0	300	500
二级出入口	c1	0	188	50
	c2	0	152	200
	c3	0	34	100
	c4	0	152	300
	c5	0	0	400
	c6	0	0	400
	c7	0	0	300
	c8	0	130	0
三级出入口	s1	0	0	100
	s2	0	0	200
	s3	0	0	400
	s4	0	0	200
	s5	0	0	400
合计		20	1334	4300

交通系统及停车场设施布局

场；一级主路 8m+3m 设置，8m 为骑行、步行道路，3m 为健跑路，二级道路为步行道路。

为了更好地服务市民及游客，在交通便利、配套设施齐全的区域设置足球运动区、全民健身区、篮球运动区及羽毛球运动区等体育功能，总用地面积 1.78hm^2。

园区内设置 5 处游客服务中心、3 处驿站及 20 余处商亭为游客提供完善的配套设施，构筑“设施小而美，功能多而全，布局网络化，活动主题化”的功能配套服务体系，以吸引市民亲近自然、爱护环境、文化交往、活力运动、健康生活。

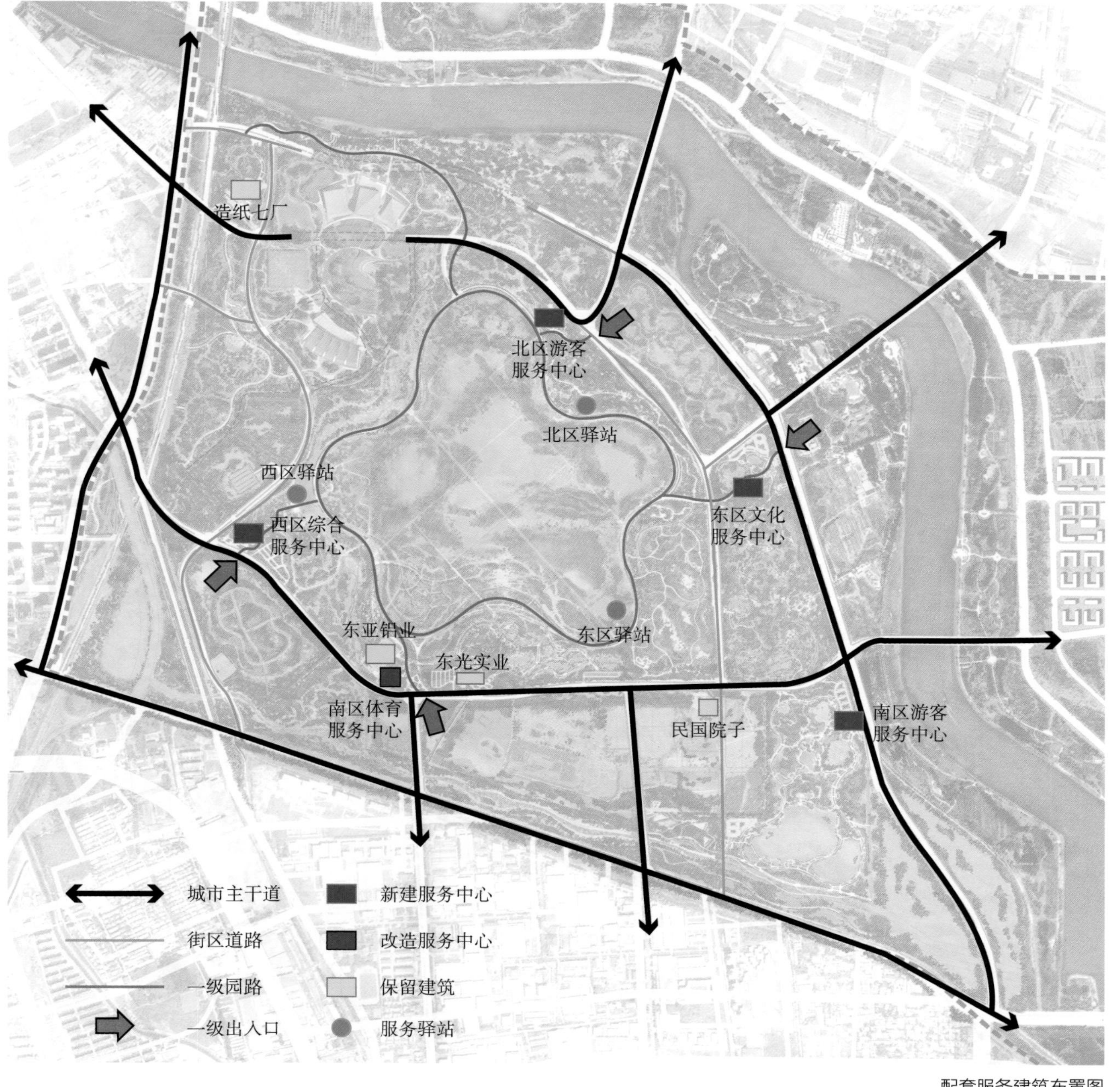

配套服务建筑布置图

3 详细设计

3.1 生态保育核

3.1.1 自然荒野区

自然荒野区总占地面积约 10000m²，位于城市绿心森林公园的生态保育核心区内，是全园唯一完整保留下来的原生态生境岛屿。该地块原为东方化工厂所在地，工厂拆迁腾退后的生态条件极其薄弱，硬质的水泥场地、缝隙中自由生长的野草，亟待生态修复。

在生态保育核的设计过程中，大部分区域以土壤治理、植被栽植的方式进行人工修复。而这块 10000m² 的地块被设计师创新性地保留下来，希望通过非人工干预、任由其自然生长的方式，让植物依环境条件自我选择，自我淘汰，最终实现自然荒野向自然森林的演替。或许 3~5 年内，这片保留荒野区还不会显现出明显的变化，但在未来的 20~30 年后，它会随光照、土壤、气候等环境因素影响，呈现不一样的森林状态，对城市森林的营建提供更多的新思路。

3.1.2 林海观象

林海观象景点位于城市绿心公园生态保育核内，占地面积约 9500m²。林海观象的场地以世界最早的天文观象台——陶寺观象台的考古成果为依据，还原古观象台的尺度及观测仪（注：据考证，陶寺古观象台位于山西省襄汾县陶寺城遗址，距今约 4700 年，“观象台”遗迹的发现，证实了《尚书 · 尧典》所说的

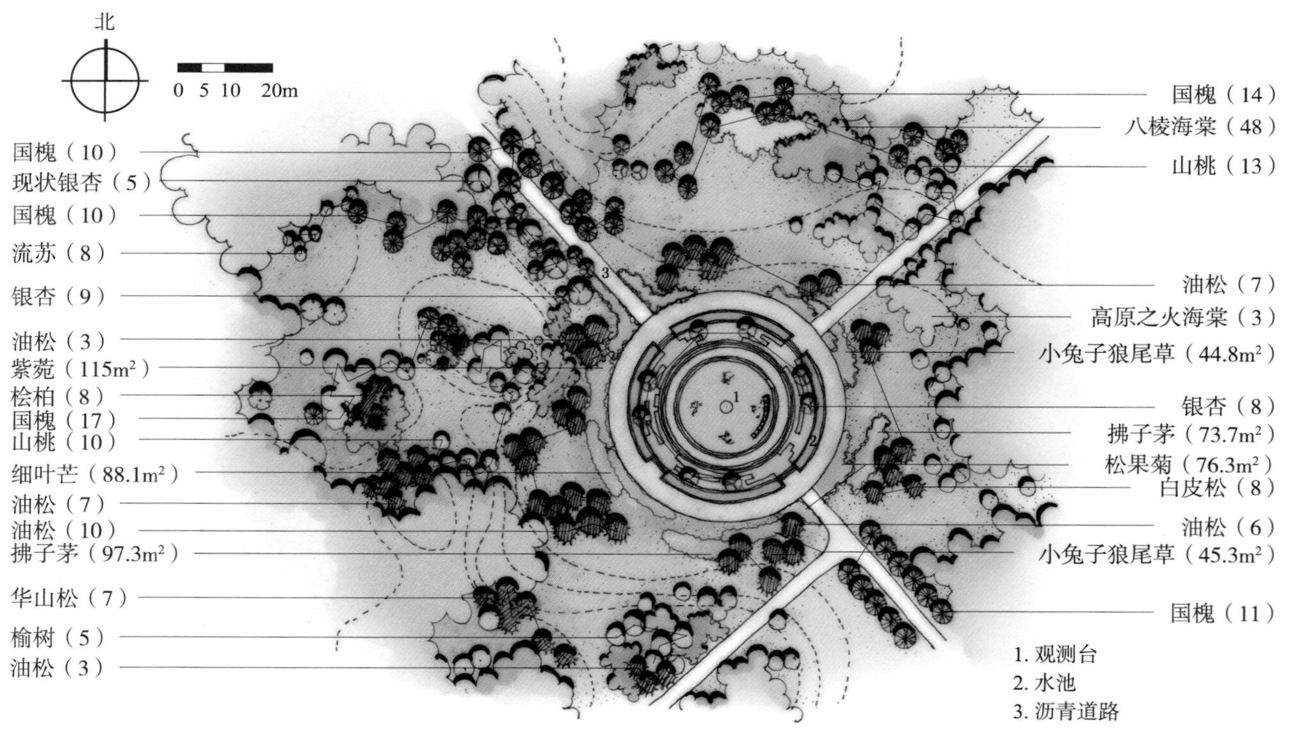

林海观象平面

林海观象实景

林海观象实景鸟瞰

“历象日月星辰，敬授人时”的真实历史背景与社会现实，是对中国远古时期天文历法研究重要的实物例证。古人通过观测日出方位，确定季节、节气，安排农耕）。场地分为三层，场地外环直径 60m，观测仪由 13 根石柱组成，呈半弧形，半径 10.5m。通过实地观测，体验古人利用两根柱之间的缝隙来观测正东方向日出，并依据观测到的太阳光影推测出一年中的二分二至节气的过程。站在广场圆心处，冬至日可在第二个狭缝看到日出光线穿过圆心，夏至日可在第十二个狭缝看到日出光线穿过圆心，春分、秋分可在第七个狭缝看到日出光线穿过圆心。为了便于对二分二至节气光线的观测，场地正东方向为疏林草地，西南、西北方向种植油松、白皮松等常绿植物作为背景。

生态保育核具有最少的功能设施，少量的夜间照明系统将光污染程度保持到最小范围，使其成为绿心公园内的“暗夜公园”，为天文学爱好者提供预约观星的场所。中心的广场地面通过 LED 点状灯展示春季大三角（春季）、夏季大三角（夏季）、飞马座（秋季）、猎户座（冬季）的四季最显著星空，为观星者科普天文知识。

3.1.3 演替之路

演替之路位于绿心生态保育区东北星形路西侧，是一条展示生态修复的小路，宽 2.6m，长约 500m，沿途可体验从化工厂遗址到森林的自然演替。演替之路由围栏控制人流量，材质为砂石路，沿路设置演替示范、厂区记忆、修复展示、全貌展示 4 个主要节点。

（1）演替示范节点

该节点选取临近入口处的小范围场地（约 $2hm^2$）作为演替示范区域。以小规格的先锋树种形成幼苗林，幼苗林逐渐长大，将与污染区周边抗性强、速生树种的人工森林融合，成为稳定的针阔叶混交林，此处展示了小规格苗到森林的演替过程。初期选用小规格栎树苗、旱柳苗、刺槐苗等，密度大于常规的种植间距，成片幼苗林可避免杂草抢走生存空间和营养；幼苗较成年乔木和灌草更快扩张，同时植物降解、植物挥发、植物新陈代谢、根际降解以及生态群落的扩大改善了该区域的污染情况，幼苗林为生态败落的化工厂遗址带来了生命力和活力。

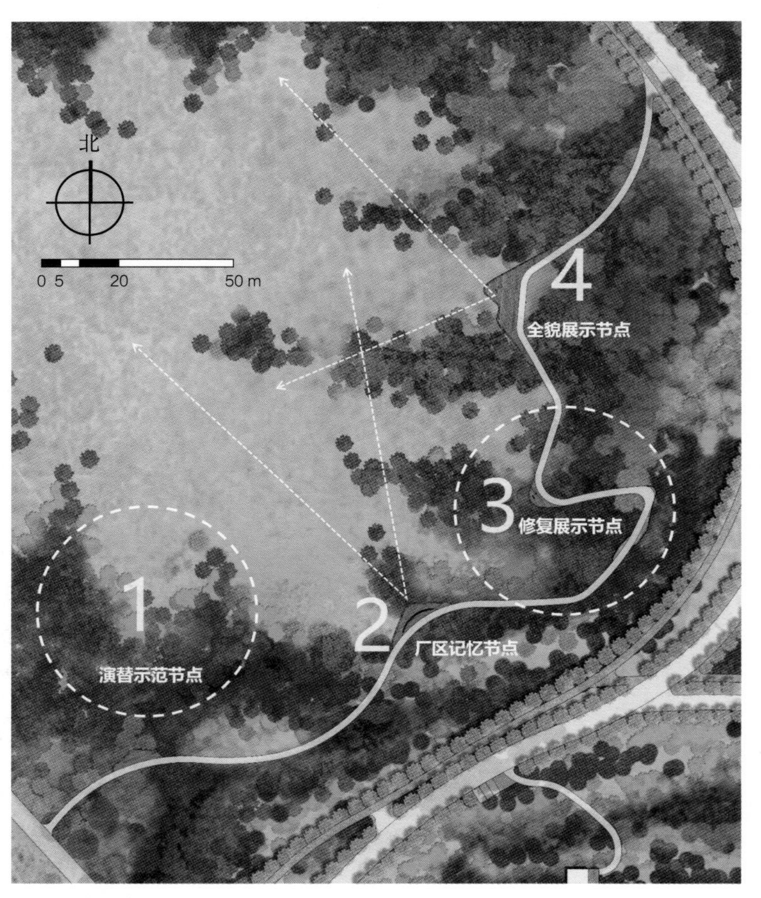

演替之路景点平面

（2）厂区记忆节点

将化工厂厂区遗留的混凝土基础、轨枕、锅炉等回收利用，用作景观要素布置于道路及场地周边，展示东方化工厂的工业历史记忆。将东方化工厂待拆除的混凝土铺装进行打磨加工，使其表面显露出自然碎石肌理，成为设计场地中的铺装材料。不规则的混凝土拆料也可作为石笼挡墙或座椅的填充，成为景观设施的一部分。除了厂区的混凝土拆料的利用，设计还将从原东方化工厂化学品装卸栈桥拆卸下来的混凝土枕轨应用在演替之路的台阶以及山体护坡挡墙中。东方化工厂遗留的油罐池壁在清理完尖锐的钢筋后，将池底和池壁进行防水处理，补充水源，成为小动物的饮水池。池壁结合本杰士堆，放置石子和树枝，填充掺有植物种子的土壤，周围种植藤本、多刺植物，为小动物提供筑巢和隐蔽的空间。

（3）修复展示节点

该节点展示了生态修复与造景艺术的结合：为了使污染区原状污染土不被扰动，在重度污染区域覆盖 1.2m 厚清洁土壤之后形成几何形状的台地，设计并未按照一般园林造景方式将地形自然化处理，而是保留覆土形成几何形台地，几何形台地的边缘显示了厂房边界，用简洁直接的设计语言勾勒出埋于地下的工厂记忆与修复工程。

由野生地被形成的草甸中央，散布着地质环境监测井，在科学监测工作完成后，井盖被保留下来，一方面传达出该区域地下有污染物的信息，体现了该地块的实验价值。另一方面，治理的设施成为景观的一部分，引发人们对环境污染的深思。

（4）全貌展示节点

参观者可在该节点观察到整个污染区由内往外渐次形成完整的荒草—灌草—疏林—密林风貌，污染区周边被森林包围，向厂区内渗透蔓延。污染区在较少人工干预的情况下，土壤借助植物的更新迭代自愈自净，生态群落逐渐丰富。

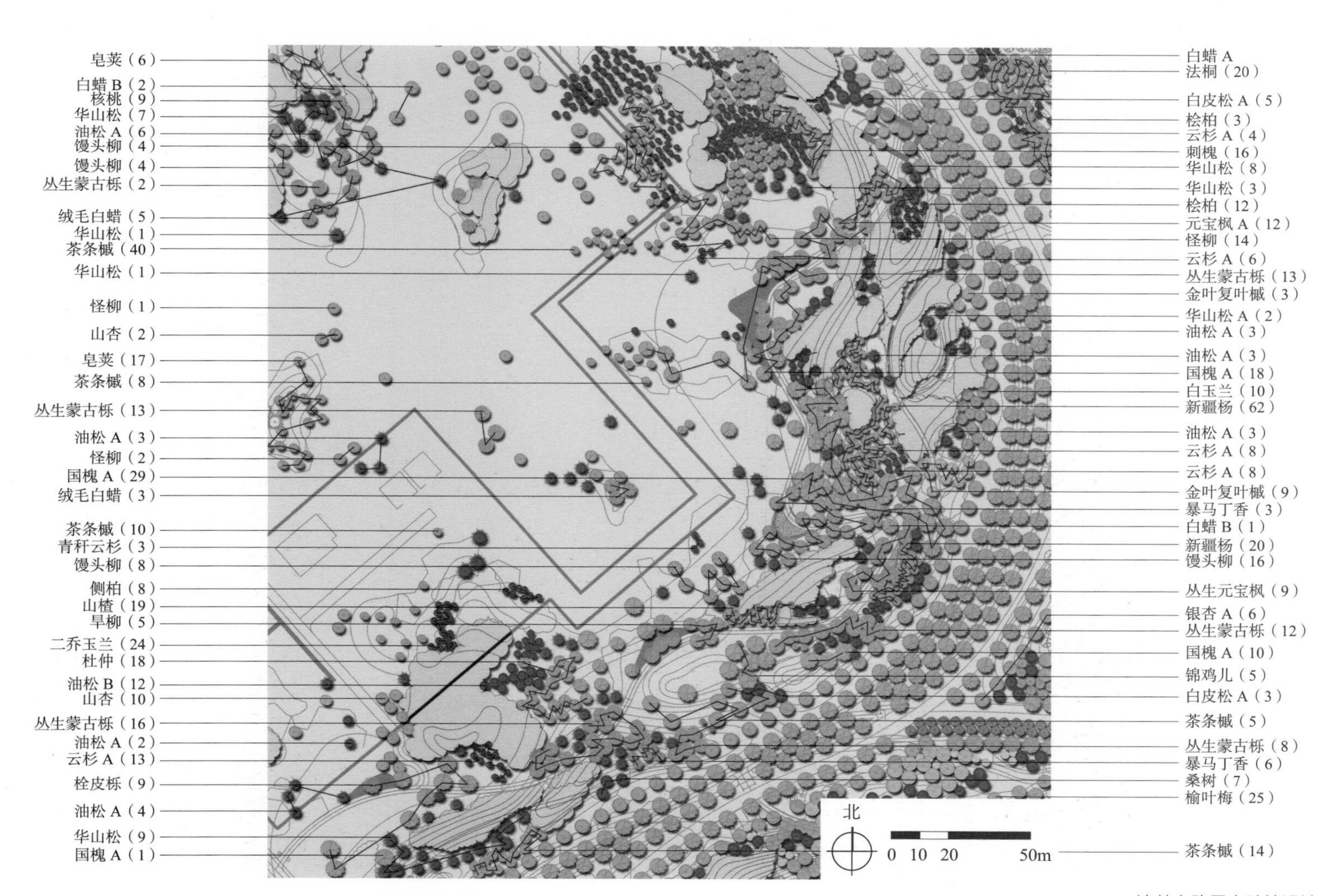

演替之路景点种植设计

东方化工厂油罐池壁改造为本杰士堆

布置于场地周边的锅炉

环境监测井

全貌展示节点

修复区建成效果

3.2 二十四节气环

二十四节气环集中反映了中华民族最朴素的生态观。自古以来人们遵循物候变化、植物生长等时令规律，形成了顺应时令的各种衣食住行、社会习俗，是中国传统文化的重要组成部分。在星形园路两侧开辟了24个林窗，每个林窗选择一种特色植物（节气树）作为基调树种，并通过各类体现当季物候的乔灌草自然种植，体现季相变化。同时林窗中的设计布局、景观构筑、植物营造、道路铺装紧紧围绕汉代著作《逸周书·时训解》中关于七十二候“候应”的记载衍生出每个节气的“新三候”景观，展示节气文化内涵，传播传统生态文化。

古书上的候应与绿心引申的新候应及节气树种选择

季节	农历	节气	《逸周书》中记载的“候应”	绿心引申的“三候”景象	节气树
春	正月	立春	东风解，蛰虫振，鱼负冰	东风解，打春牛，腊梅开	蜡梅
	正月	雨水	獭祭鱼，鸿雁北，草木萌	獭祭鱼，雨润物，花迎春	榆树
	二月	惊蛰	桃始华，仓庚鸣，鹰化鸠	桃始华，杨初青，蛰伏出	山桃、杨树（雄株）
	二月	春分	玄鸟至，雷乃声，光始电	玄鸟至，阴阳分，辛夷艳	柳树、玉兰
	三月	清明	桐始华，田鼠隐，虹始见	桐始华，草色青，杏花盛	泡桐、山杏
	三月	谷雨	萍始生，鸠拂羽，戴胜降	春雨生，牡丹盈，戴胜降	桑树
夏	四月	立夏	蝼蛔鸣，蚯蚓出，王瓜生	槐花香，流苏雪，王瓜生	流苏、猥实
	四月	小满	苦菜秀，靡草死，麦秋至	苦菜秀，蝶花舞，梓花黄	梓树
	五月	芒种	螳螂生，鵙始鸣，乌鸫寂	螳螂生，农作忙，仲芒香	杜仲
	五月	夏至	鹿角解，蜩始鸣，半夏生	绒花开，草芥蓝，半夏生	合欢
	六月	小暑	温风至，蟋居宇，鹰始鸷	金雨扬，蟋居宇，木槿荣	栾树
	六月	大暑	腐草萤，土润溽，大雨行	槐荫浓，芙蓉漪，大雨行	槐树
秋	七月	立秋	凉风至，白露降，寒蝉鸣	红果现，楸叶摇，寒蝉鸣	楸树
	七月	处暑	鹰乃祭，天地肃，禾乃登	芒翻飞，枫叶红，禾乃登	元宝枫
	八月	白露	鸿雁来，玄鸟归，群鸟羞	露初凝，荻花舞，群鸟羞	核桃类
	八月	秋分	雷收声，蛰坯户，水始涸	秋月圆，甘棠实，水始涸	杜梨、丝棉木
	九月	寒露	鸿雁来，雀入水，菊花黄	扇叶舞，晨露凝，菊花黄	银杏
	九月	霜降	豺祭兽，草木黄，蛰虫伏	朱果红，草木黄，林霜寒	柿子
冬	十月	立冬	水始冰，地始冻，雉入水	霜染翠，始化境，雉入水	桧柏
	十月	小雪	虹不见，气降升，闭塞冬	竹影绛，雪凝寒，闭塞冬	竹子
	十一月	大雪	鹖不鸣，虎始交，荔挺出	松林染，霜傲雪，荔挺出	油松
	十一月	冬至	蚯蚓结，麋角解，水泉动	松梅韵，庭香含，水泉动	白皮松
	十二月	小寒	雁北乡，鹊始巢，雉始雊	青杉影，鹊始巢，候鸟还	云杉
	十二月	大寒	鸡始乳，征鸟疾，泽腹坚	红烟漫，征鸟疾，福迎年	侧柏

3.2.1 立春寻梅

立春节气林窗位于城市绿心制高点主山南麓开敞地块，占地面积约 2000m^2，莺初解语，微雨如酥，立春为二十四节气的第一个节气，《逸周书》将立春节气描述为：东风解，蛰虫振，鱼负冰。设计结合城市绿心环境特征引申出新三候：东风解，打春牛，腊梅开。该节点以“立春寻梅，迎春劝农”为主题，选取“打春牛”的民俗文化为切入点、模拟梯田肌理的片岩挡墙种植池将游人视线引向北侧主山叠翠轩，山脚下顺应地势形成层层小型台地，放置朴拙的水车造型座椅、憨态可掬的泥牛小品，烘托出立春大地复苏、农民开始耕耘播种的气氛，体现了“打春牛”的传统风俗文化。

立春节气林窗以蜡梅、迎春为主题植被，蜡梅为北京地区开花最早的灌木，先花后叶，气味芳香，花色淡雅，周边高大乔木以椿树为主，立意呼应“立春”的主题，营造立春时节春回大地、万物更新的自然景象。

立春寻梅种植设计

立春寻梅实景

水车造型座椅

打春牛雕塑小品

3.2.2 雨水临塘

雨水节气林窗位于城市绿心立春节点南侧，占地面积约1500m^2，“东风解冻，冰雪皆散而为水，化而为雨，故名雨水。”雨水，是降水的节气，雨水之后，植物开始生长，充满生机，自然界衍生出万物。中国古代《逸周书·时训解》将雨水描述为三候：獭祭鱼，鸿雁北，草木萌，设计依据北京通州当地自然条件引申出新三候：獭祭鱼，雨润物，花迎春。大自然中“獭祭鱼”是雨水节气典型的物候景象：河水解冻，水獭下河捕鱼，将吃不完的鱼像陈列祭品一样摆放在一起。雨水节气林窗景观以“獭祭鱼”为题材，叠石小径与溪流左右呼应，形成一处山溪林下、曲径通幽的小型游憩场地，置石溪流旁侧点缀水獭和鱼的小型雕塑，营造“雨润物，獭祭鱼”的早春景象。

雨水节气树为榆树，围绕榆树设置树荫坐凳，精致的景石不仅围合出沿路的休憩空间，同时构成雨水临塘的驳岸元素，于驳岸空隙点缀春季特色植物连翘、金叶接骨木、山楂、流苏等，形成春花烂漫的自然景观。

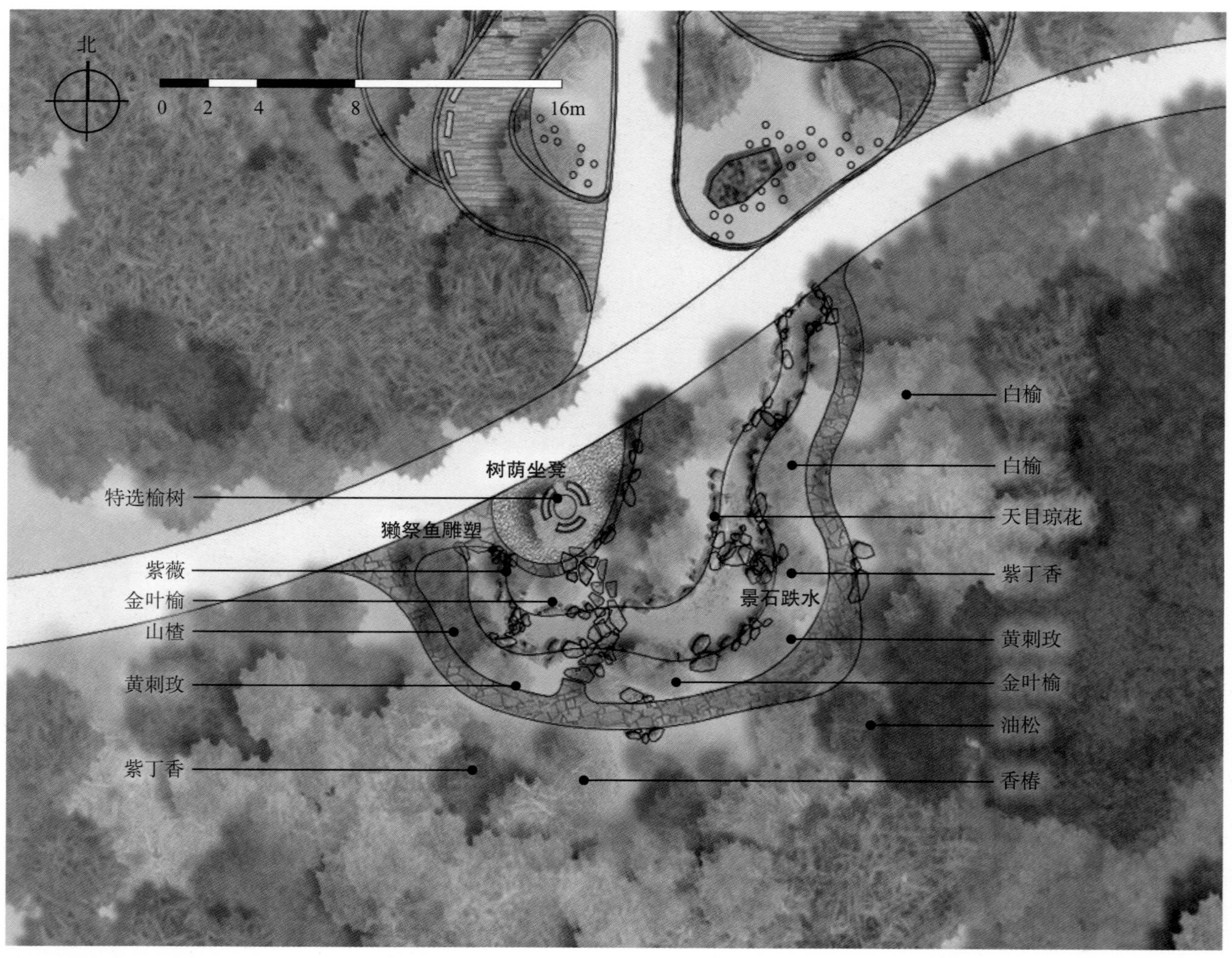

雨水临塘种植设计

树荫坐凳

景观标识

叠石小径与微型游憩场地

獭祭鱼趣味雕塑

雨水临塘实景

3.2.3 惊蛰启户

惊蛰节气林窗位于城市绿心生态保育核南侧，占地面积约 9000m^2，属于二十四节气节点之一，同时承担森林科普区鸟类及小型哺乳动物科普的功能。《逸周书 · 时训解》之候应：桃始华，仓庚鸣，鹰化鸠。惊蛰，惊是惊雷，蛰是蛰虫，惊蛰亦称“启蛰”，古人认为：春雷乍动，惊醒了蛰伏在土中的冬眠动物。该节气林窗景观以“地气通，蛰伏出”为主题，设置鸟类食源、蜜源植物以及小动物筑巢繁衍的生境，科普解说牌对鸟类及小型哺乳动物相关知识进行科普介绍。同时于林窗中设置互动犁耙、兔子洞、小动物巢穴、昆虫观察区域等景观增强游人参与。在模拟耕田场地边，设置启蛰檐，供游人遮风避雨，休闲游览。节气树为山桃、杨树（雄株），搭配山茱萸、山杏、旱柳成片种植，形成惊蛰时节“桃始华，杨初青”的效果。

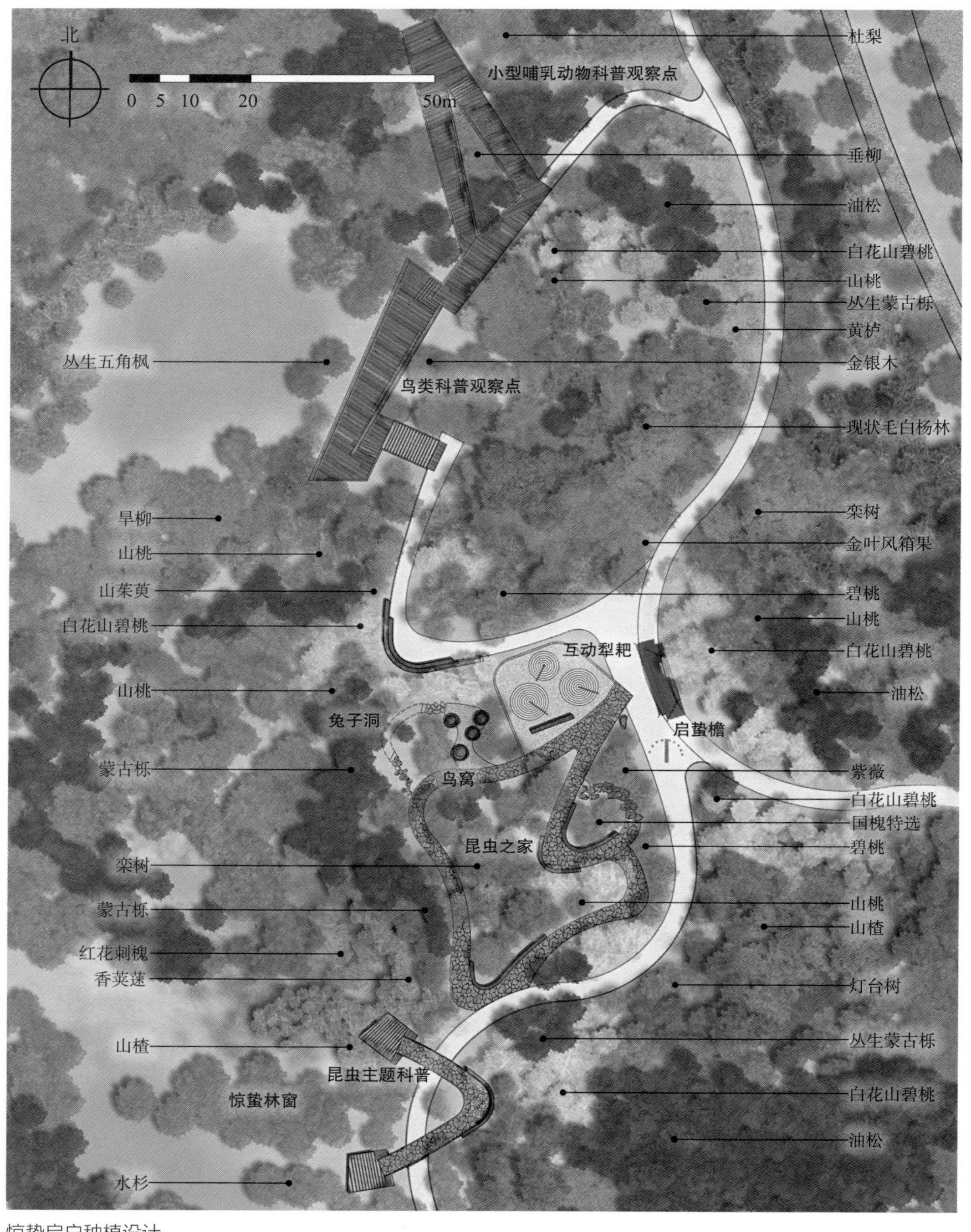

惊蛰启户种植设计

鸟类科普观察点

模拟耕田场地

3.2.4 春分木笔

春分节气林窗位于城市绿心东区驿站东侧，占地面积约 8000m²。《逸周书》之候应：玄鸟至，雷乃声，光始电，城市绿心新物候：玄鸟至，阴阳分，辛夷艳 。该节气林窗景观表达紧扣春分节气“阴阳分”的特点，以圆坛台地的形式纪念古代春祀的礼俗，同时辅以中式传统重檐圆亭，台地中以一分为二的形式栽植白玉兰、紫玉兰，象征昼夜、阴阳均分。玉兰花苞如同天地间的一支支木笔，将春色分作“姹紫嫣白”，支支木笔随即在春风中绽放，宛如一队队绰约新妆的仙子，在枝头曼拥霓裳，轻盈起舞。节气树为玉兰、柳树。为了呼应“玄鸟至”的主题，林窗内为雨燕提供了小型的开阔绿地、水塘和筑巢环境，吸引鸟类尤其是燕子在该区域栖息、停留。

春分木笔种植设计

春分园亭实景

园坛花池

春分玉璧

春分木笔实景

3.2.5 清明咏风

清明节气林窗位于城市绿心潞河湾街北侧，星形环路南侧，占地面积约 4500m²。《逸周书 · 时训解》之候应：桐始华，田鼠隐，虹始见。城市绿心新物候：桐始华，草色青，杏花盛。节气林窗景观围绕“清明春游”展开，三月清明，春回大地，清明景观将上巳节与寒食节的历史风俗糅合进来，以春日郊游、沐浴修禊为主题，依次穿插斗草踏青、秋千诗苑、寒食游宴等活动场地。当此天朗气清的清明时节，何不结伴而游？何不吟咏“风雅颂”？节气树为泡桐、山杏，种植大量的观赏草，呼应清明斗草踏青的节气特征，同时营造“咏风”主题的节气气氛。

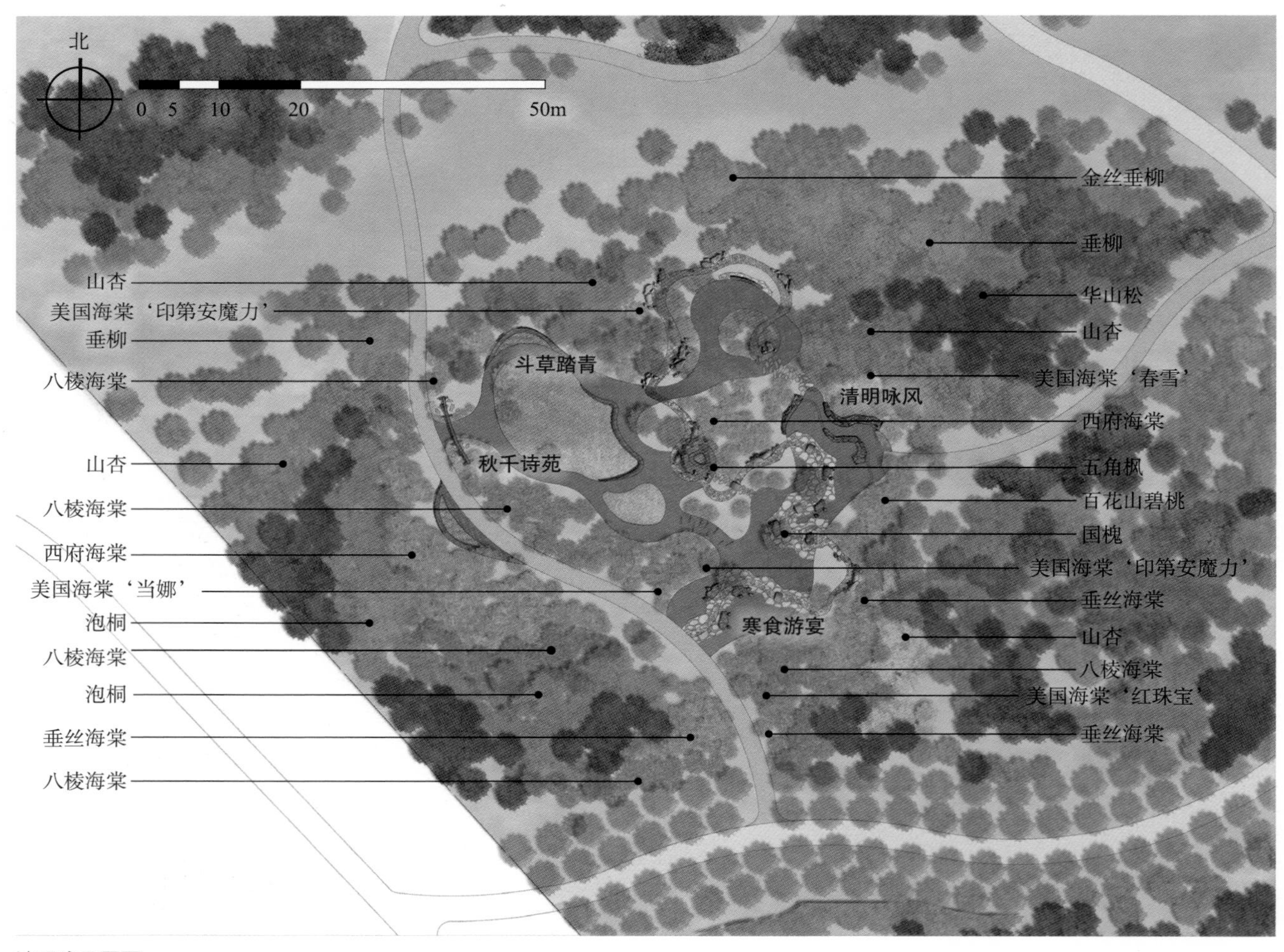

清明咏风平面

清明咏风实景

清明咏风实景鸟瞰

3.2.6 谷雨润香

谷雨节气林窗紧邻星形环路，场地围绕景亭花坡和集雨湿地展开。谷雨润香景点占地面积约10000m²，是一处以牡丹为特色、体现中国传统园林韵味的景点。谷雨是二十四节气中的第六个，也是春季的最后一个节气，有“雨生百谷”之意，管子曾曰“时雨乃降，五谷百果乃登”，体现了古代农耕文化对于节令的反映。谷雨时节降水明显增加，田中的秧苗初插、作物新种，最需要雨水的滋润，正所谓“春雨贵如油”。中国古代将谷雨分为三候：“一候萍始生，二候鸣鸠拂其羽，三候戴胜降于桑。”本景点选取谷雨时节的传统文化元素，以戴胜降于桑的物候景象及“谷雨花”的牡丹文化植物为设计灵感，引申出谷雨新三候：“春雨生，牡丹盈，戴胜降”。

围绕新三候的设计立意，谷雨润香景点选取桑树及牡丹为节气植物，以谷雨山丘、集雨湿地为主要空间布局展开设计。谷雨山丘高5m，是场地的制高点，坡顶设重檐四角亭，山坡片植大面积的桑树林，南面迎坡处丛植各色牡丹，并与精美景石、造型油松搭配，营造了“牡丹盈”的暮春节气景象，也为戴

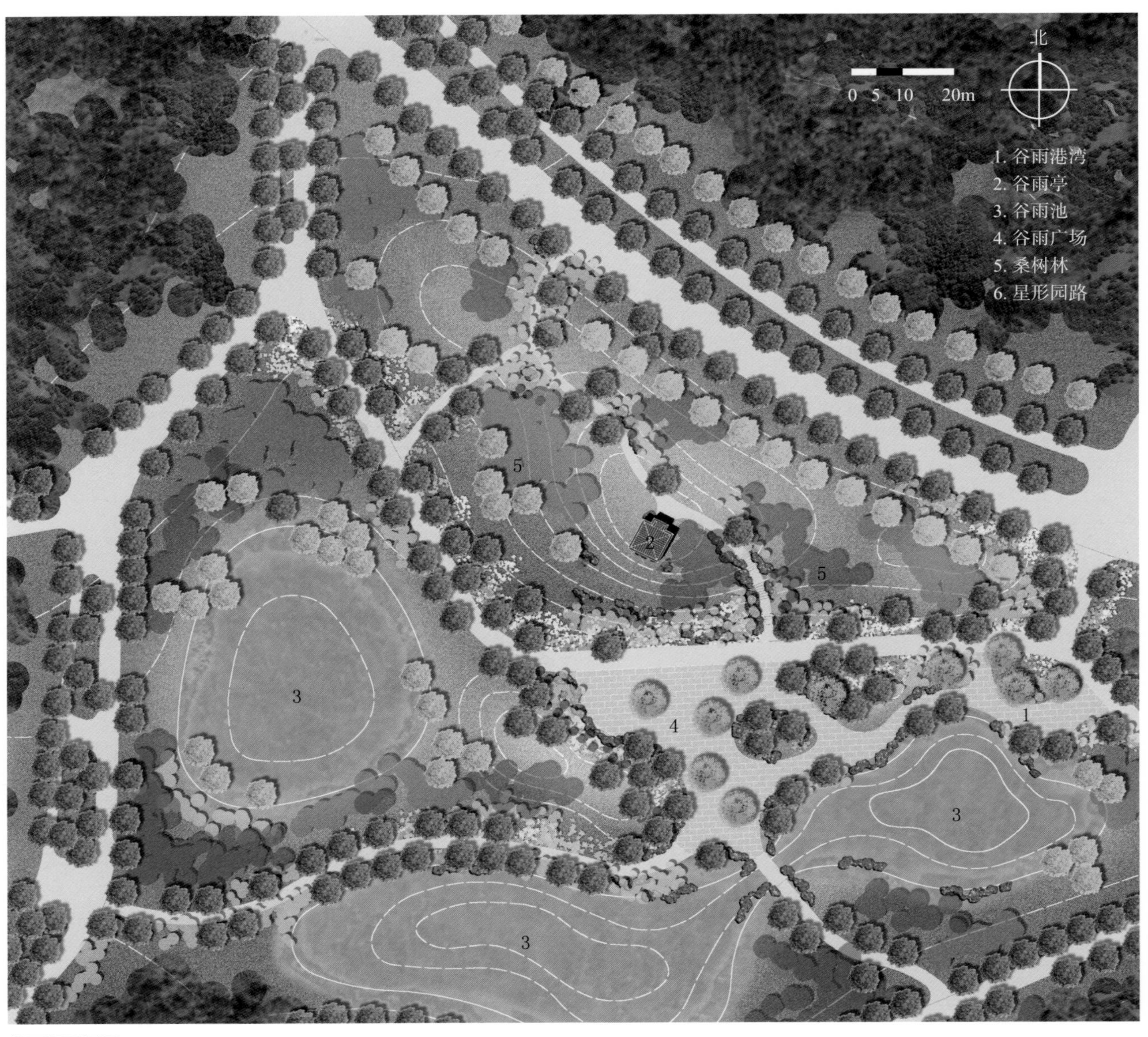

谷雨润香平面

胜鸟栖息创造了良好的森林环境。为呼应“雨生百谷”的物候特点，设计结合海绵集雨绿地打造了一处尺度亲人、旱湿可赏的湿地景观，沿滨水小路及石桥漫步，垂柳拂岸，草木葱茏，一派生机盎然的谷雨时节景象。

该景点的主要特色植物为桑树、牡丹及水生植物。桑树是谷雨节气树，花期4~5月，果期5~8月，于山坡间、绿岛中、园路旁或孤植或片植，构成具有节气文化特色的植物骨架和植物背景。牡丹古有“谷雨花”之称，主要植于山坡半荫处及园路周边，便于近距离观赏，栽植面积约1500m^2，带植、丛植、点植等多样形式丰富了牡丹的展陈方式，与景石、造型油松搭配相得益彰，营造了精美的传统园林画境。同时，为进一步丰富林冠变化及季相特色，辅以西府海棠、山桃、连翘等春花亚乔木。3000m^{2}的景观湿地为水生湿生类植物提供了适宜的生长条件，岸边种植千屈菜、芦苇、水生鸢尾等旱湿两季植物，为谷雨景点营造了湿润舒适的小气候环境。

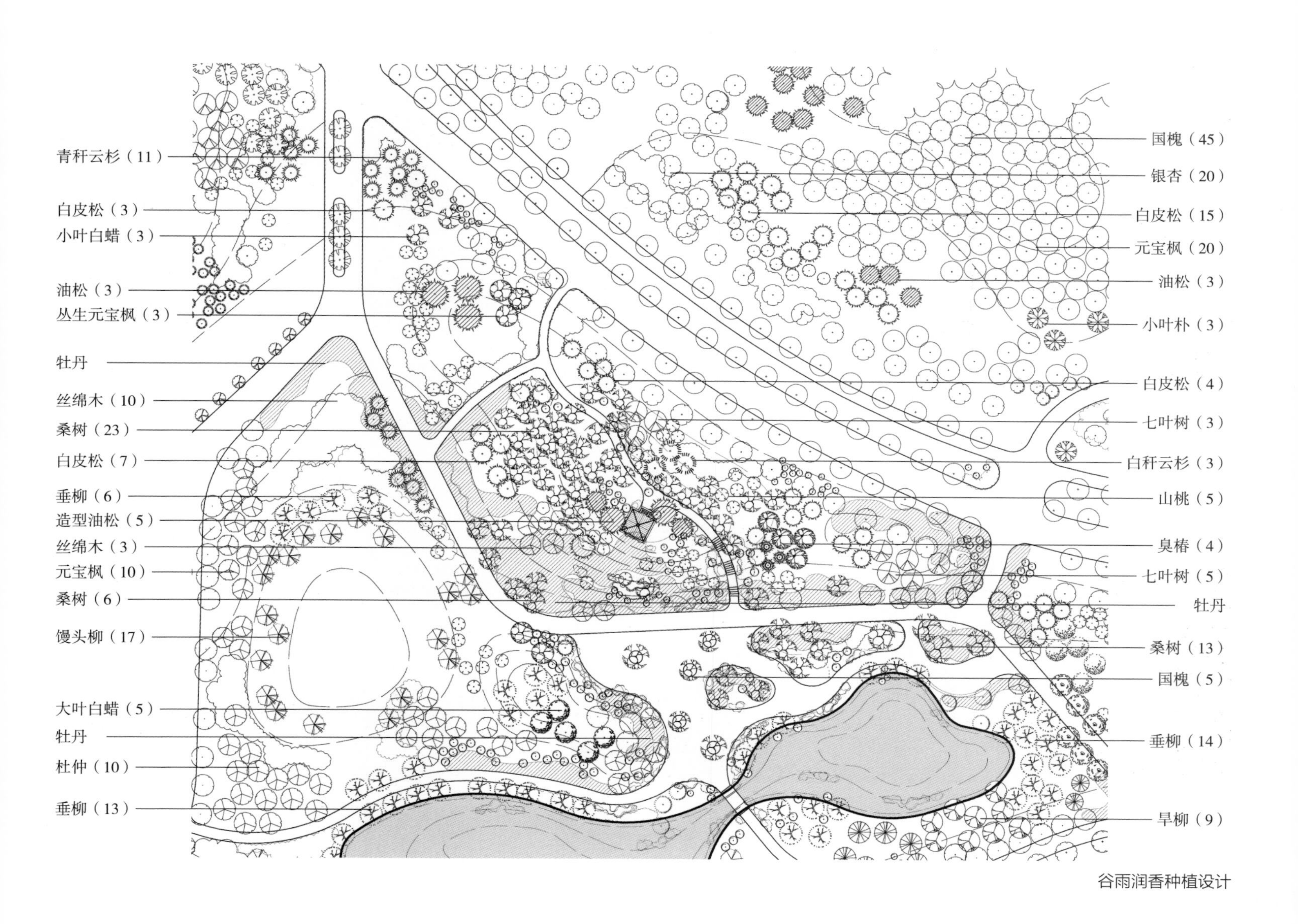

谷雨润香种植设计

谷雨润香实景

3.2.7 立夏槐荫

立夏槐荫景点位于城市绿心体育功能片区，占地面积约 10000m^2，是一处充满夏季活力的儿童运动健身景点。立夏，是二十四节气中的第七个、夏季的第一个节气。《历书》曰："斗指东南，维为立夏，万物至此皆长大，故名立夏也。"立夏，是标示万物进入旺季生长的一个重要节气。中国古代将立夏分为三候："一候蝼蝈鸣，二候蚯蚓出，三候王瓜生。"立夏时节槐影初圆，夏木成荫，流苏如雪，王瓜的蔓藤快速攀爬生长，设计以此为灵感引申出立夏新三候"槐花香，流苏雪，王瓜生"。

立夏槐荫平面

围绕新三候的设计立意，立夏槐荫景点以儿童运动功能为主题，用槐树、流苏为节气植物表明时令，用芍药衔接上一个节气的牡丹送走春天，开启长夏。儿童运动区以国槐、金枝槐为点景树，以趣味健身为主题，场地中设计有王瓜图案廊架、立夏科普攀爬墙、儿童秋千、梅花桩、平衡木等设施，将节气文化认知与市民服务功能紧密结合，吸引儿童驻足，突出热烈活泼的夏季氛围。

该景点的主要特色植物为槐树、流苏和芍药。国槐、刺槐作为园区的基调树种，以大尺度片植和行

列式种植的形式，为游人提供了绿树浓荫的游览体验，也为场地周边提供了高大挺拔的绿色背景。大规格国槐、金枝槐主要点植于儿童运动场地及道路重要对景处，其冠大荫浓的树形为人们撑起了绿色的遮阳伞，也为园区增添了不少森林味儿。为更好地营造立夏氛围，设计中还选用了 5 月初开花的流苏树和芍药花，它们成片种植在活动场地和园路两侧，并配以桧柏、白皮松等常绿植物，烘托出五月流苏如雪、芍药翠荫如黛的森林美景。

立夏槐荫实景

3.2.8 小满沁芳

小满沁芳景点位于城市绿心南门区北侧，占地面积约 20000m^2，既是二十四节气景点之一，又是北京与南阳两市政府友好共建的月季主题园。小满是夏季的第二个节气，北方麦类等夏熟作物的籽粒开始灌浆，只是小满，还未完全饱满，万物生机勃勃，激发人们奋进的豪情。中国古代将小满分为三候："一候苦菜秀，二候靡草死，三候麦秋至。"设计遵循传统物候特征，并结合森林植物特点，选取小满时节盛花的梓树、月季、苦荬菜为植物特色，引申出小满新三候："苦菜秀，蝶花舞，梓花黄"。

围绕新三候的设计立意以及"京宛友谊月季园"的共建主题，小满沁芳景点以大规模、多品种的市花月季为特色，通过月季花坡、月季花谷、月季花廊打造富有丰富空间变化和植物文化特色的森林精品花园。花谷与花坡是该景点的核心景观，在空间视线上形成看与被看的关系。花谷占地面积 4000m^2，以流

小满沁芳平面

动曲线型的月季花岛围合中心休憩空间，游人在梓树绿荫下小憩，可近赏不同色彩的月季景观。月季花坡高 5m，四周森林植被环抱，淡黄色的梓花与鲜黄花的苦荬菜地被，同满园的蝶花月季一起舞动，制高点处的一组“小满亭”置于其间，可将花坡与花谷美景尽收眼底。此般景象恰好契合了小得盈满的意境。

该景点的主要特色植物为梓树和月季。小满时节，梓树淡黄色的小花开满枝头，辅以楸树、元宝枫、银杏等乡土乔木，烘托了夏季浓烈的绿树繁花氛围。同时，为纪念北京与南阳“因水结缘、因花牵情”的城市友谊，园区地被花卉主要以两市市花月季为基调，打造了 7000m^2、近 8 万株的月季花海。月季以南阳自育品种为主，包括大花月季、丰花月季、微型月季、地被月季、藤本月季、树状月季六大品系，红橙粉黄四大色系，以及绯扇、南阳红、金凤凰、梅朗口红、滕彩虹、北京粉等 30 余个月季品种。每年 5~6 月，月季花海如画，梓花幽香沁人心脾，万物“小得盈满”的景观意境由此得以表达。

小满沁芳种植设计

小满沁芳实景

3.2.9 芒种勤耕

芒种勤耕景点紧邻运河故道生态段东岸，占地面积约 8000m^2，是一处展现农民勤劳耕种景象的节气景点。芒种，是二十四节气中的第九个、夏季的第三个节气。“时雨及芒种，四野皆插秧”。泽草所生，种之芒种。芒种时节南方种芒，北方收割，是一年中农事最为繁忙的时节。中国古代将芒种分为三候：“一候螳螂生，二候鵙始鸣，三候反舌无声。”设计围绕这一传统物候特征，引申出芒种新三侯：“螳螂生，农作忙，仲芒香”。

芒种勤耕平面

围绕新三候的设计立意，景点以水塘、田圃为设计题材，打造了三田三圃农事体验及农事灌溉技术科普两大景观区。三田三圃农事体验区面积约600m²，主要种植麦田、豆田、菜蔬圃，配以石碾子、竹篱笆、农耕小人等农事农耕小品，旨在再现原汁原味的农田景观，游人还可以在插秧和收获季节亲自体验，身临其境感受芒种时节的农耕繁忙景象。农事灌溉技术科普区面积约1000m²，围绕“螳螂生”这一传统物候，从运河故道引水，设置水塘、灌木丛，为螳螂觅食栖息创造适宜的生境。水塘旁布置一组水车，从水塘中取水至田圃中的水渠之中，科普原始农业灌溉技术的同时，也增加了游人的互动趣味性。

该景点的主要特色植物为杜仲和观赏草。园区外围以大尺度杜仲片林为背景，以大规格杜仲为点景，周边配以楸树、栾树、北京桧、油松、太阳李等乔木，营造自然绿荫的森林氛围。休憩空间及园路两侧大量种植有丰收感觉的柳枝稷、卡尔拂子茅、细叶芒、小兔子狼尾草等观赏草，或呈带状或呈丛状，通过不同的色彩和高度变化，形成开合有致、纯净自然的林缘空间。农忙时节，微风浮动，麦芒飘香，空气中仿佛都飘浮着大麦、小麦沉甸甸的香气，传递着土地和季节的脉络。

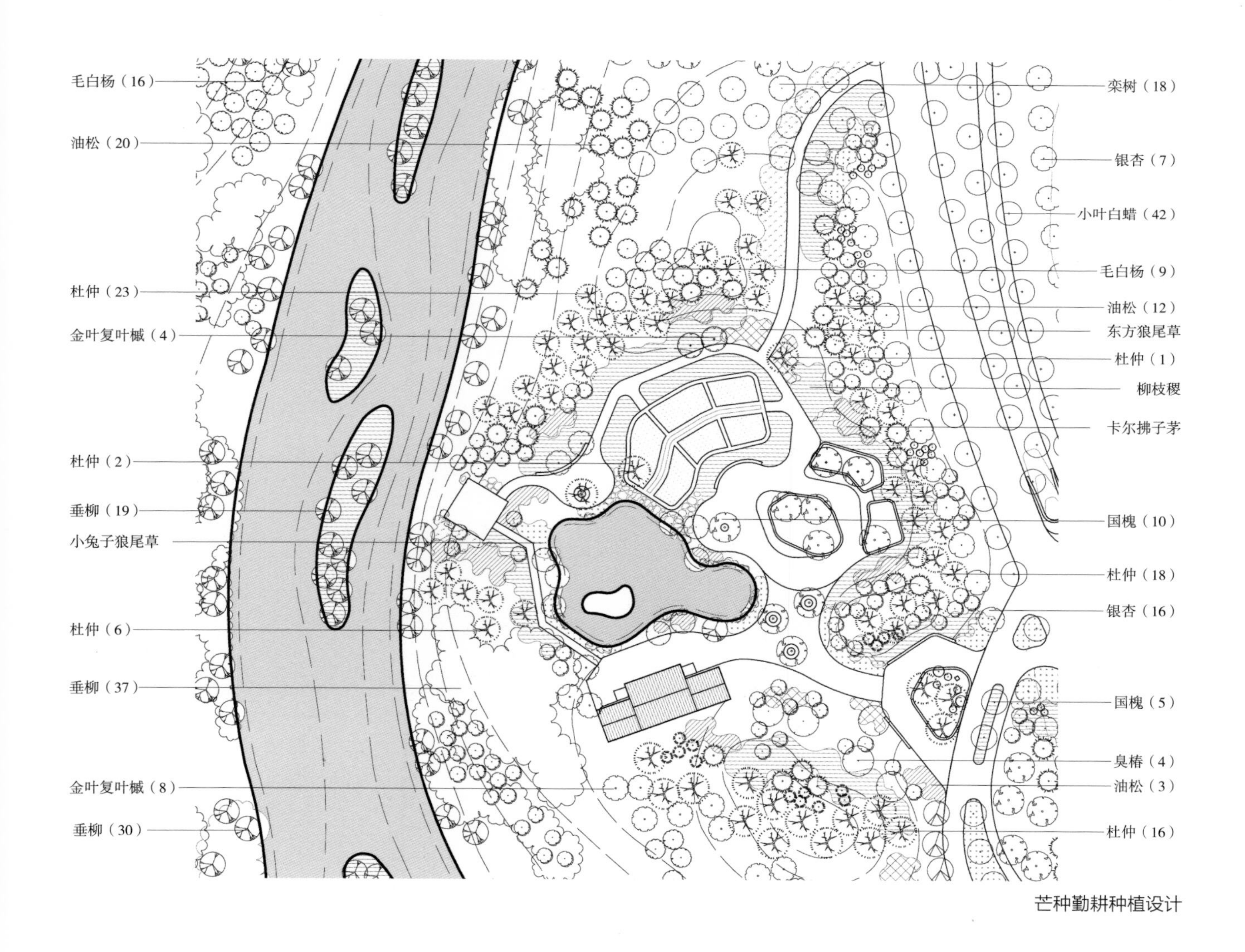

芒种勤耕种植设计

芒种勤耕实景

3.2.10 夏至颐和

夏至颐和景观节点位于城市绿心森林公园核心区，即星形环路西侧，占地面积约 2.5hm^2。夏至节气节点除展示节气文化、开展民俗活动外，还承载着净化雨水、减小径流污染、消纳小面积汇流的初期雨水、减少径流量、补充地下水源的功能。

夏至作为二十四节气中重要的二分二至之一，围绕夏季植物冠大荫浓的物候特点，将夏至林窗分为三部分：夏至港湾、药用芳香植物区及雨水花园，并以“绒花开，草芥蓝，半夏生”为物候景观主题，开展市民节气游园活动，突出“夏至端阳蝉始鸣，烈日炎炎伏热生”的节气景致。

夏至港湾入口设置节气玉璧，增强节气林窗辨识度，利用废旧混凝土板自然拼接的嵌草园路引入港湾场地。夏至港湾中结合节气仪设计圆形广场，游人站在节气仪中央发声可听到阵阵回声，增加游园乐趣。场地外围栽植节气树——合欢作为港湾点景树，利用夏至合欢花的盛开，吸引游人进入药用芳香植物区。

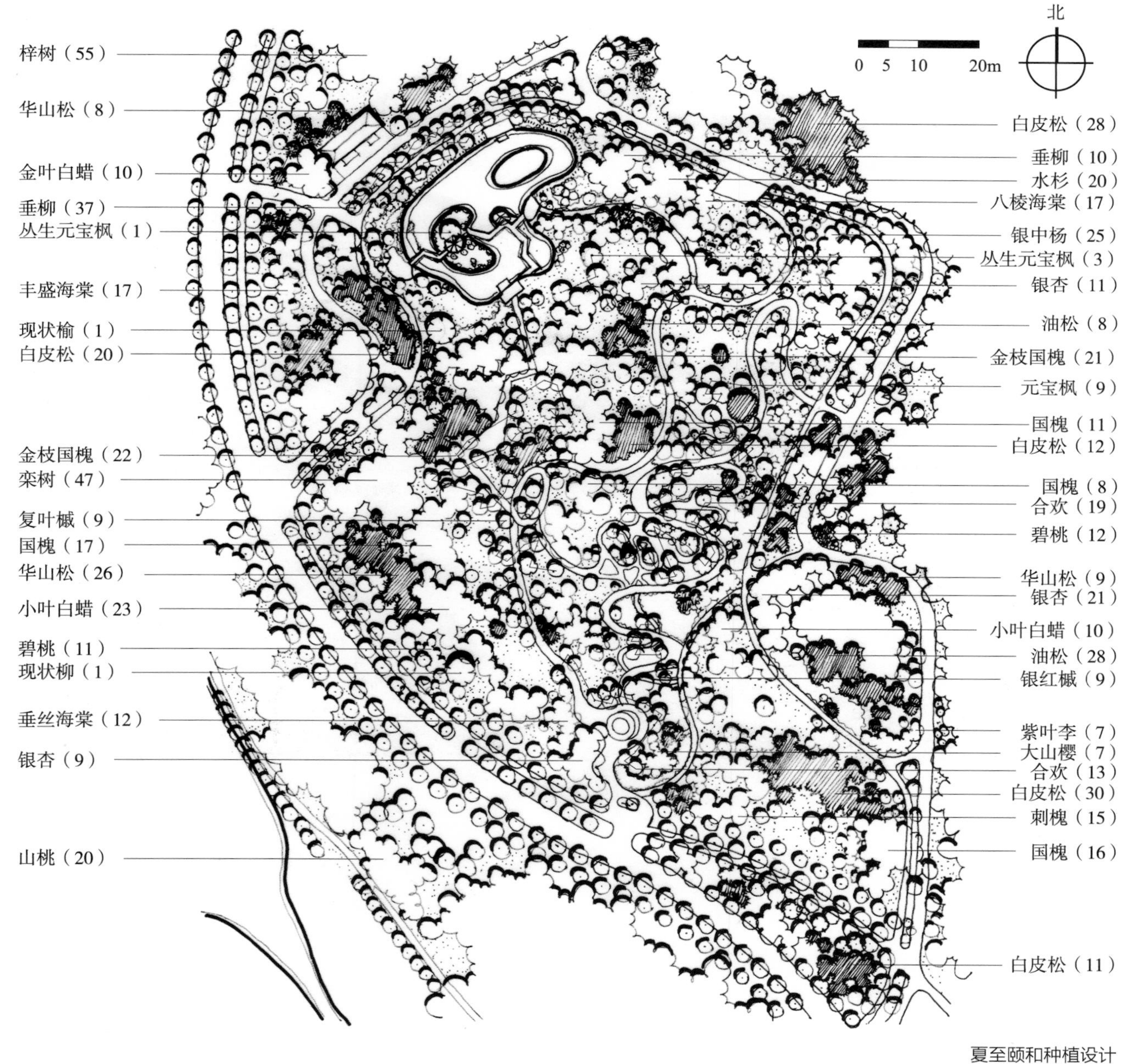

夏至颐和种植设计

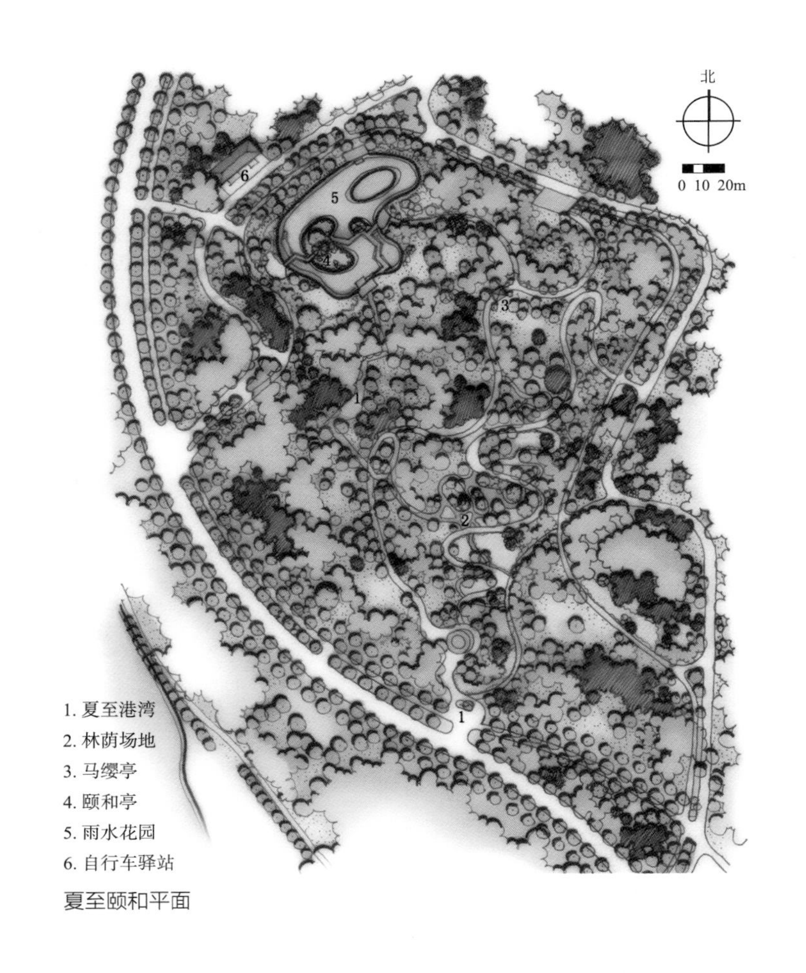

夏至颐和平面

药用芳香植物区结合板岩砌筑种植池座椅，供游人在林下休憩，同时结合夏至阴生植物开始生长的节气特性，在合欢树群下栽植喜阳、喜阴和喜半阴药用或芳香类观赏植物，如射干、石竹、马蔺、松果菊等。在夏至林窗地形最高处，设置一座重檐四角亭，命名为“马缨亭”。环绕四角亭南侧，片植合欢组团，周边配置夏季绿荫浓密的油松、国槐、金枝国槐作为背景，搭配观花植物八棱海棠、多花胡枝子、华北紫丁香等作为点景植物，共同烘托夏至节气氛围，创造“坐景亭，观绒花，听蝉鸣”的夏季场景。

穿过马缨亭，进入夏至颐和雨水花园。实现有效的雨水资源的调控与改善利用的同时，雨水花园结合景观环境，采用园林传统造园手法，以“一池三山”的传统湖岛模式进行设计。其中“一山”设置八角荷风亭，配以“夏至”“颐和”牌匾，全方位展示雨水花园景色，并与重檐四角亭相互呼应，对夏至颐和节气节点进行点题；另外“二山”分别栽植造型油松和垂柳，成为园林视线焦点。池中栽植荷花、睡莲等水生植物，形成水面清凉、荷香阵阵的景观效果，并通过曲桥将观景亭与周边观景平台相连接，栽植鸢尾，搭配垂柳、国槐、元宝枫、海棠等植物，形成绿荫浓、花色美的场地环境。

夏至颐和实景

夏至颐和马缨亭

夏至颐和雨水花园全景

3.2.11 小暑促织

小暑促织景观节点位于城市绿心森林公园核心区，星形环路西侧偏南，占地面积约 $2000m^2$，小暑节气林窗是沿着星形园路的一个路径型节点，景观以“金雨扬，蟋居宇，木槿荣”为设计主题。

进入小暑节气，天气开始炎热，栾树与木槿作为节气树，与蟋蟀共同构成生境系统，于舒展的林冠下形成的微气候调节温度、湿度等因素，改善和优化小环境。

设计的条状青石板平行于星形园路，在栾树林下扩展出小憩空间，并设置三组石笼桌椅组合，坐下稍事休息，于浓荫下，居幽凉处，闲暇之余观一尊顽童戏蟋像，评一场促织斗，平添一番夏日乐趣。

喜栖于石板下避暑的蟋蟀伴着热气鸣唱，繁茂的栾树及小巧的木槿进入盛花期，微风带着燥热掠过，金黄色的圆锥状花序长满枝头，如金雨落，紫花娇艳，开无穷尽，为夏季拉开序曲。

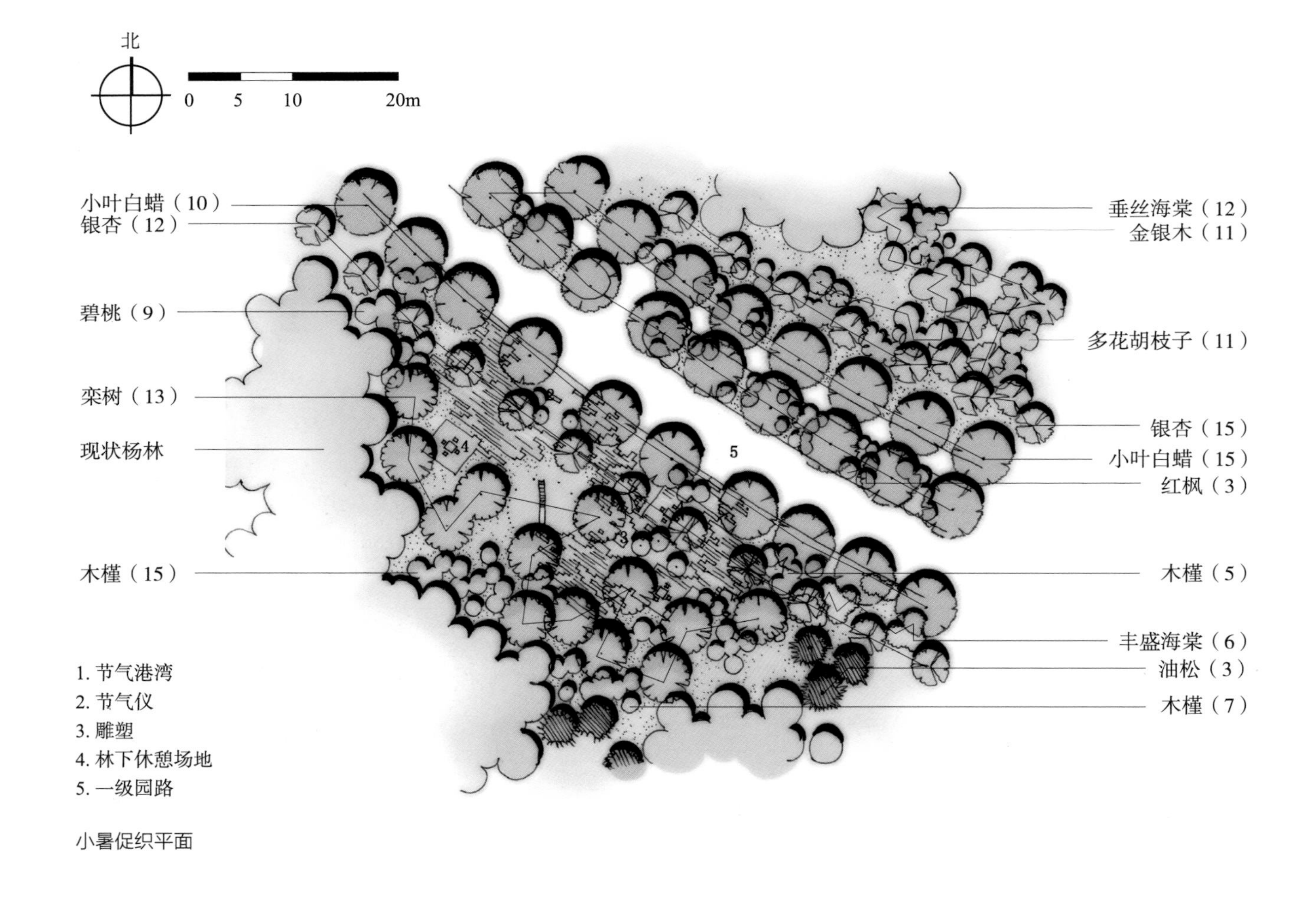

小暑促织平面

小暑促织实景

3.2.12 大暑清荷

大暑清荷景点位于城市绿心公园西侧，紧邻上上码头节点，占地面积约 8500m^2。大暑节气是反映夏季炎热程度的时令，天气炎热，雷阵雨频繁。节气林窗以“槐荫浓、芙蓉漪”为主题，结合全园雨水海绵的蓄水区，打造槐木成荫、荷香阵阵的景致。节气树为国槐、紫薇、荷花。大暑节气的入口场地内具有传统吉祥纹样的曲水流觞，人们可在咏诗论文的同时观赏美景。围绕场地内保留的柳树设置绿岛，取名为“柳荫岛”。通过曲桥和石板桥连接柳荫岛与茗水榭，蜿蜒的曲桥上可近距离观赏荷花。大暑节气时，民间有饮伏茶的习俗，茗水榭内可以纳凉品茗，赏荷听雨。茗水榭周边安装雾喷，炎炎夏日，在荷花的清凉与芬芳之中，度过一年中最为闷热难过的大暑时节。景点内的种植以国槐和紫薇为主，配置油松、华山松等常绿植物，点植树为秋色叶植物元宝枫。水池中大面积种植荷花，自然驳岸种植千屈菜、芦竹等植物进行自然过渡，重点突出大暑节气时的槐木成荫、荷香阵阵的景致。

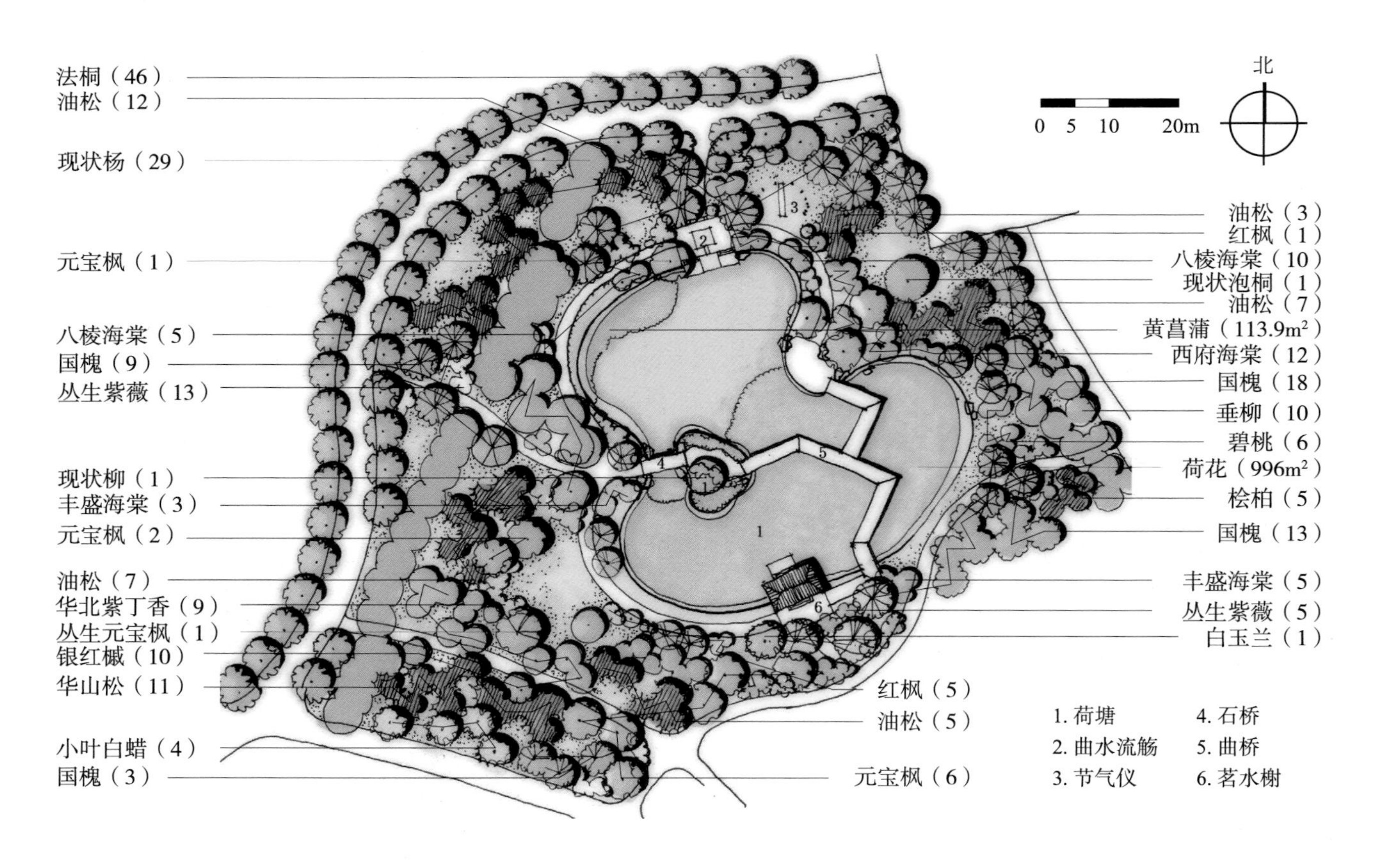

大暑清荷平面

大暑清荷实景

3.2.13 立秋鸣蝉

立秋鸣蝉景观节点位于城市绿心森林公园西侧偏北，占地面积约 5300m^2，紧邻运河故道中上游。立秋节气，阳气渐收、阴气渐长，却尚未出伏，天气炎热。设计以“红果现，楸叶摇，寒蝉鸣”为主题，在运河故道两侧设计立秋港湾及林窗场地。入口处玉璧与三片自然景石结合，形成港湾中心景观。围绕中心景观形成星形路旁环形空间，边缘增设曲线形石笼座椅，点植节气树——楸树，引领游人进入运河西侧的立秋鸣蝉林窗节点。

立秋林窗结合运河故道地势，片植楸树。折线形木栈道穿梭于楸树林间，营造不折枝亦可“戴楸叶”的林中漫步情景，点出“折枝戴叶”的迎秋之题，以应时序；木栈道扶手内藏铜铃，轻风拂过，与林间楸叶同摇，蝉鸣铃声共响，秋声应气而生的立秋氛围，告知“秋天已至”。

林下栈道两侧，搭配黄栌与海棠交替出现，早现的海棠果点缀枝头，低调地宣告众生即将开启“秋实”的丰收喜悦，黄栌转红，开启秋景序幕。

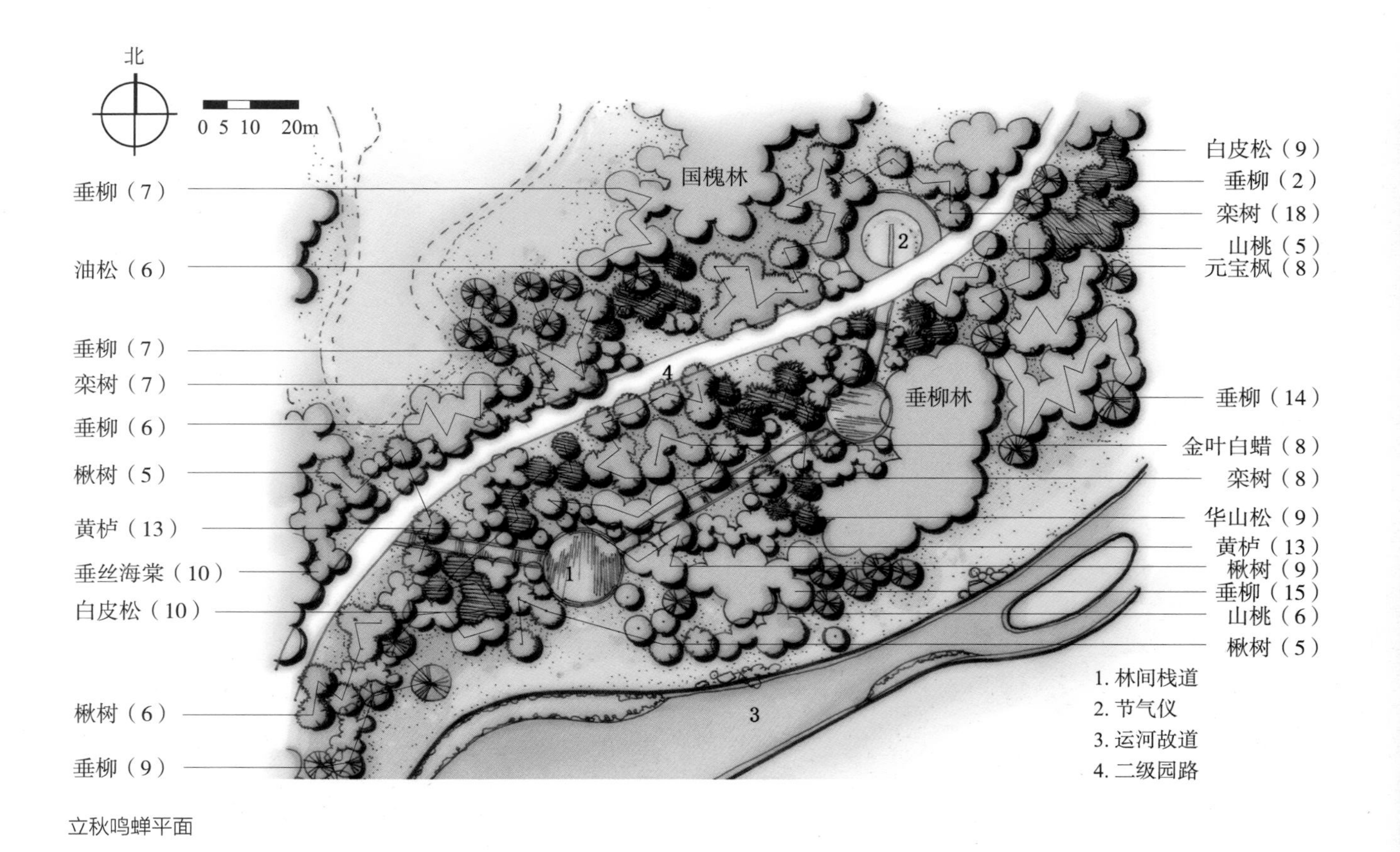

立秋鸣蝉平面

立秋鸣蝉实景

立秋鸣蝉栈道实景

3.2.14 处暑飞芒

处暑飞芒景观节点位于城市绿心森林公园核心区，星形环路西侧偏北，原东方化工厂升旗台东北方向，占地面积约 4000m^2。处暑节气林窗景观以“芒翻飞，枫叶红，禾乃登”为主题。

处暑时节，酷热天气进入尾声，气温逐渐下降，尚在“秋老虎”期间，秋意渐浓，进入一年之中的丰收季节，即新凉已至，秋收始之。处暑林窗模拟田间地垄，大面积栽植细叶芒，秋风拂过满植的芒草，透过芒花特有的光泽，于秋日艳阳下，千层绿浪翻飞，似陇上行，芒花间两条悠长的碎石小径宛若田间小道，引人入胜，沉溺于秋收金波中，信步间又回首，元宝枫三五成丛，枫叶开始转红，散落于田间地头，打造红叶归处是秋风、天高远阔、宁静致远的秋季场景。

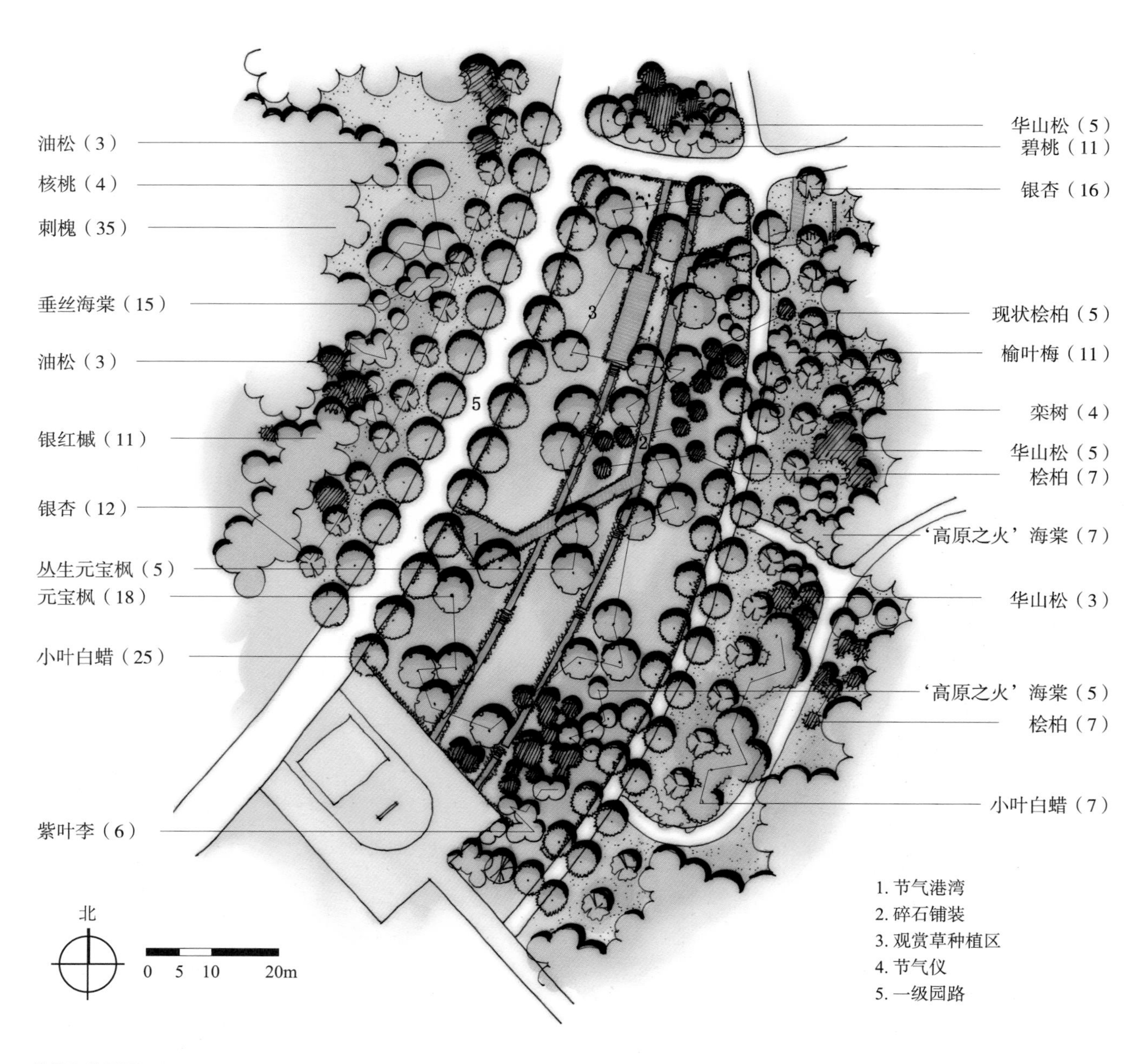

处暑飞芒平面

处暑飞芒实景

3.2.15 白露荻雪

白露荻雪景观节点位于城市绿心森林公园核心区，星形环路西北方向，占地面积约 1930m²。

白露是反映自然界气温变化的一个节气。露是“白露”节气后特有的一种自然现象。根据白露时节水汽在地面或近地物体上凝结成水珠的现象，同时结合白露节气林窗临近运河故道的地点优势，设计“露初凝，荻花舞，群鸟羞”的物候景观。

白露港湾设置自然拼接的枕木汀步，四周栽植鸟类过冬可储存食用的金银木、接骨木、山茱萸等灌木。白露时节白昼温差变大，清晨空气中的水汽遇冷凝结成细小的水滴，密集地附着在植物的绿色茎叶上，呈白色，经太阳光照射，呈现出晶莹剔透、洁白无瑕的观感效果。核桃树下设置枕木座椅，供游人观赏停歇。沿青石板园路走近运河，大面积栽植茫茫芦荻花与其他观赏草，随风舞曳，气爽风凉，形成一年之中最可人的时节，展示出天高云淡、蒹葭苍苍、白露为霜的运河秋景。

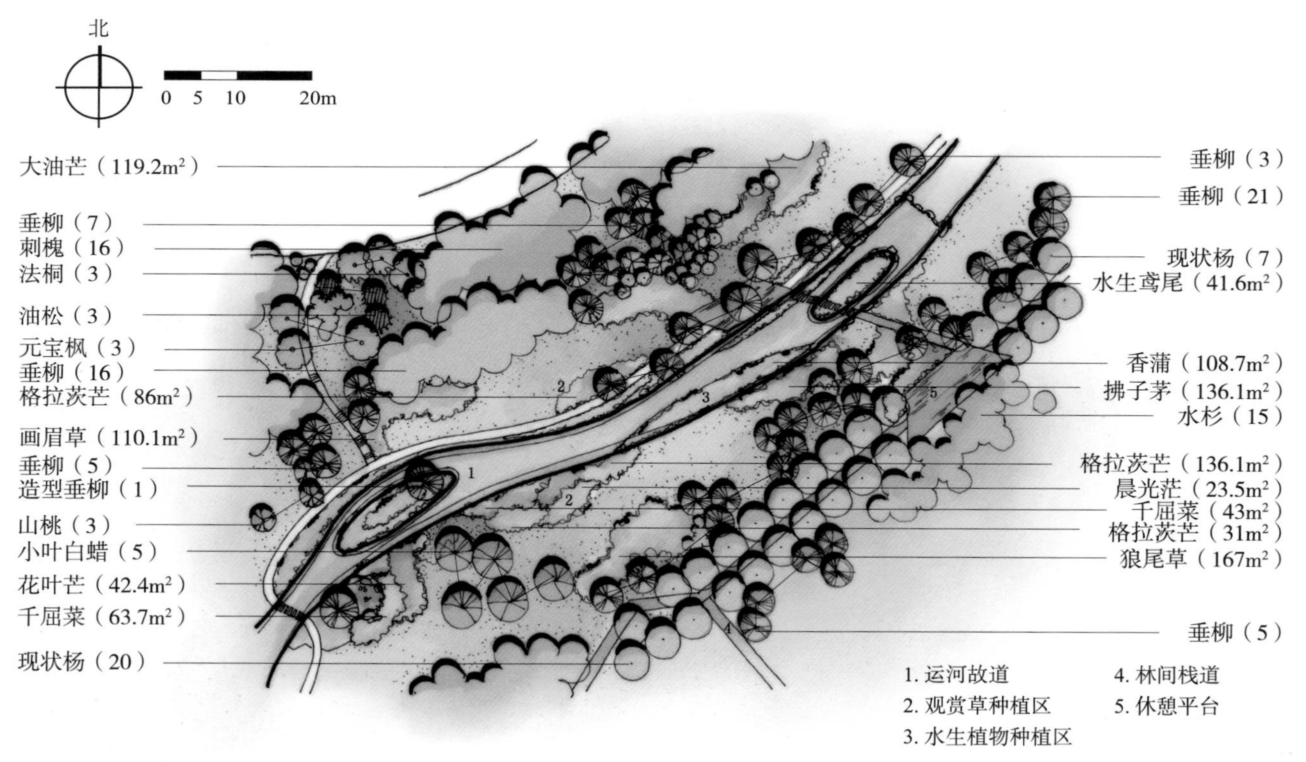

白露荻雪平面

白露荻雪实景

3.2.16 秋分望月

秋分望月景观节点位于城市绿心森林公园核心区，星形园路北部偏西，占地面积约为 1.24hm^2。景观设计以“秋月圆，甘棠实，水始涸”为物候景观主题。

中秋节自古就有赏月的习俗，现在的中秋节是从传统秋分祭月演变而来的，因此节点设计围绕月亮展开，分别以“寻月、追月、望月”为主题，形成一个观赏序列。

秋分港湾以“寻月”为主题。入口设置汉白玉玉璧，如一轮圆月，象征着祥瑞，祥云图案烘托着节气名称的由来，将文化知识传递给游人。绕过玉璧徐徐向前，场地中心地面雕刻节气仪和月相变化图，游人站在中心标识足印的位置点，可根据影子的长短测算时间和节气。如果在场地中大声说话，还会听到回声。追其究竟，回声是从场地另一侧的三层月牙台传来的。登台遥望对岸，有一轮圆月吸引游人向前探寻。

沿着彩云般的漫步小路，向着圆月一路追寻。园路婉转曲折，似水流云间舒卷出秋色秋韵，沿路种

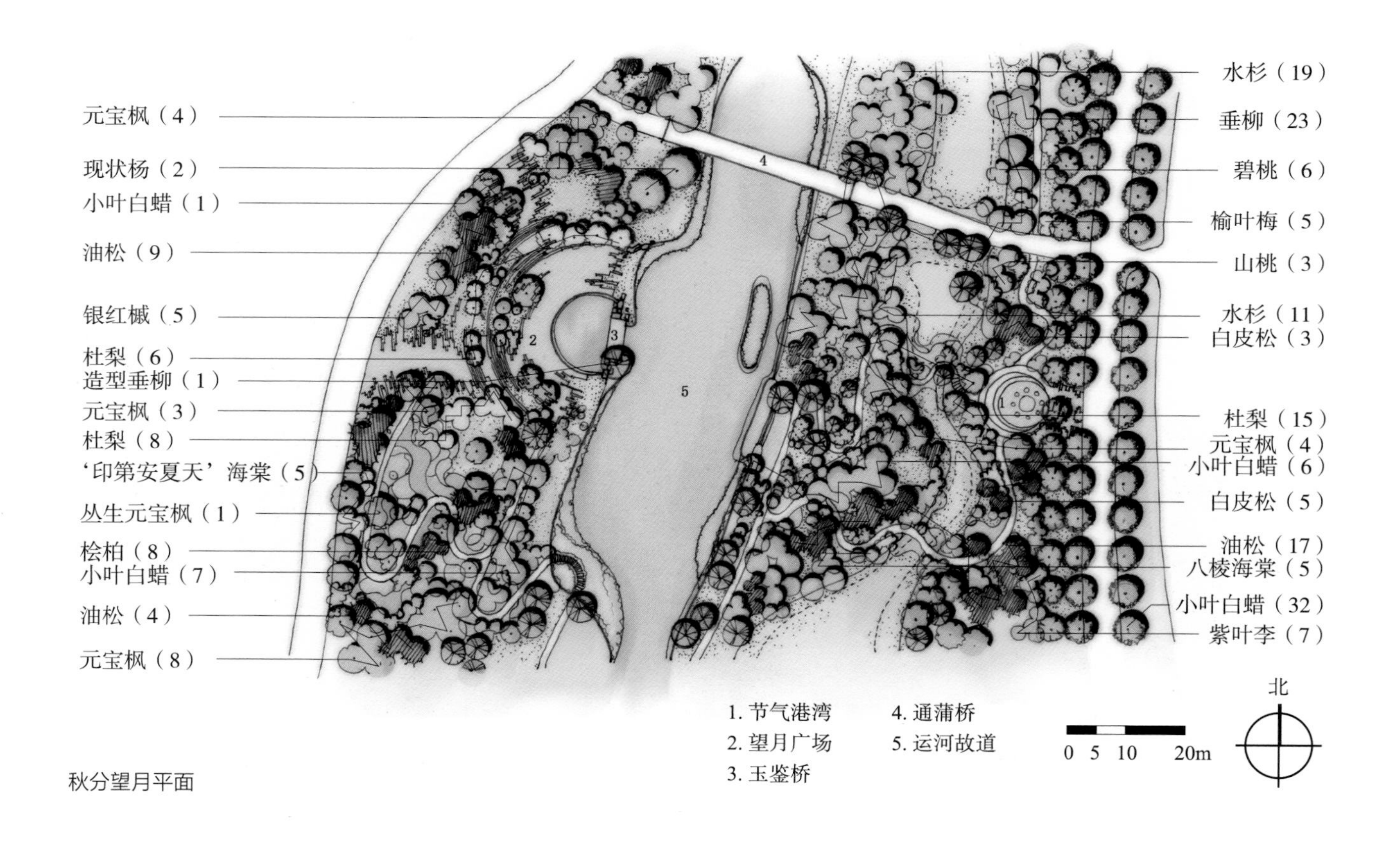

秋分望月平面

植节气植物——杜梨，春季满树的白花，纯洁浪漫，秋季正是观果的最佳时节，圆圆的果实像小月亮般可爱，挂满枝头。搭配观赏草、观赏菊花等地被植物，形成“风清月明，秋实飘香，百草灵韵”的秋分恬淡之美。每年 9~10 月定要来这里走一走，这里的菊圃花境会给秋日的阳光增添一抹绚丽。走累了可以在云形场地上安静休憩，看一看开阔的水面，听一听风吹过柳枝的声音，忘却城市的喧嚣，让身心彻底的放松下来。抬头望向对岸，圆月更近了，激励游人继续前行。

望月台重在营造赏月的美好意境。玉鉴桥设于堤岸之上，半圆拱形桥体与水中倒影呈现出一个整圆，在岸边柳树衬托下，如一轮皓洁的月亮从水中慢慢爬上树梢。近处杨柳堤岸映衬下波光粼粼的水面，与远处横跨运河故道的通蒲桥，在桥体框架中呈现出一幅美丽的风景画，让人赏心悦目。经过严格的计算，仲秋月夜透过玉鉴桥可以看到空中圆月升起的轨迹，水中虚月与空中实月相互呼应，呈现出“素月分辉，明河共影，表里俱澄澈”的美好景象。望月台是三大文化建筑延伸到运河故道河畔的景观节点，是城市文化到自然生态文化的过渡，成为公园中开展传统节气文化活动的载体。

通蒲桥实景

秋分港湾实景

秋分望月实景

3.2.17 寒露凝秋

寒露凝秋节点西侧与剧院、博物馆、图书馆三大文化建筑区隔水相望，东南侧紧邻一级路及星形主园路，总占地面积 52000m^2。该节点既是重要的秋季景观节点，同时也是运河故道景观带的起点。故道悠悠诉说着千年漕运文化的故事，秋叶扇舞呈现了金秋绝佳景致的魅力。通过历史挖掘发现，场地内运河故道的源头地段刚好处于通州八景的"波分凤沼"中所描述的地点附近。"凤沼"是指自凤城（帝都）太液池至通惠河段，固有"潞阳城郭界清流"之句。"因河分岔处水面宽阔，波流演迤，夹堤绿柳，相当壮美"（摘自《周良文史选集（下）》）。设计结合历史背景，通过河道形态的塑造、景观石桥古亭的再建、河岸植物景观的配植，再现当年波流演迤、夹堤绿柳的景象。通源桥为单跨石拱桥，恰似长虹横跨故道，成为由绿心通往三大文化建筑区的重要人行游览通道，人们在桥上向北眺望可以一览"波分凤沼"的景致，恍惚间仿佛穿越了故道的历史。凝秋亭位于故道东岸，临水静立，以传统攒尖重檐四角亭端庄秀雅的身姿诉说着故道悠悠千年的故事，亭上绘有精致的通州八景图及植物景观彩绘图案。

寒露凝秋平面

通过银杏、山茱萸以及大面积的地被菊等寒露时节的代表性植物，营造寒露时节的特色植物景观。大面积地被菊应时开放，呼应候应“菊花黄”；银杏的扇形树叶随风飘摆，发出沙沙声响，“扇叶舞”让人从视觉和听觉上一起享受着秋日的馈赠。寒露意味着水汽凝结，这时候恰是北京的金秋时节，大雁开始南飞，秋叶开始飞舞，人们游览徜徉在故道边，既能体味千年故道漕运文化的意境，又能沉浸在遍地金黄、扇叶翻飞的秋色美景之中。

寒露凝秋—凝秋亭

3.2.18 霜降丹柿

霜降丹柿景点南侧紧邻星形主园路，北侧与惠林路相接，总占地 28000m²。霜降节气意味天气开始寒冷，大地将产生初霜，作为秋季的收尾节气，挂霜的丹柿预示着寒冬的脚步已经临近。自古民间就有霜降摘柿子的习俗，又有形容“霜叶红于二月花”的诗句。节点景观以“秋霜降、丹柿悬”为主题意境，景点内遍植各类品种的柿树作为骨干树种栽植于地势高处，成为特色植物。深秋时节丹柿挂树，同时搭配元宝枫、黄栌等秋色叶树种，以及拂子茅等特色观赏草，营造出“霜叶红于二月花”的秋林美景。该区域现状地势局部较低洼，并有现状大树保留，是绿心重要的泄洪功能区，周边场地雨水由此区域汇集通过涵洞排入运河故道。场地周边原有的杨树林形成了带状微丘的特殊地形肌理，设计延续场地景观空间特色，结合雨洪功能，打造了一处由木栈道穿行于地形起伏的带状微丘森林空间的独特景观，给游人带来别样的秋林游览体验。深秋时节，雾森系统展现出森林冰霜凝结的美景，人们漫步于林间，既可以欣赏“朱果红”挂于树梢，亦可观察“草木黄”于脚下，浸润着秋霜的林间木栈道更可让游人们体验到“林霜寒”的深秋气息。待步入森林深处，在核心区结合现状树姿优美的大柳树，设计了大型观演木平台和圆形露天剧场空间，周边高大柿树结合林下花甸形成富有特色的森林剧场，这里是自然的舞台，亦是人与自然互诉衷肠的天地，森林里充满了丰收的喜悦，亦洋溢着幸福和满足。

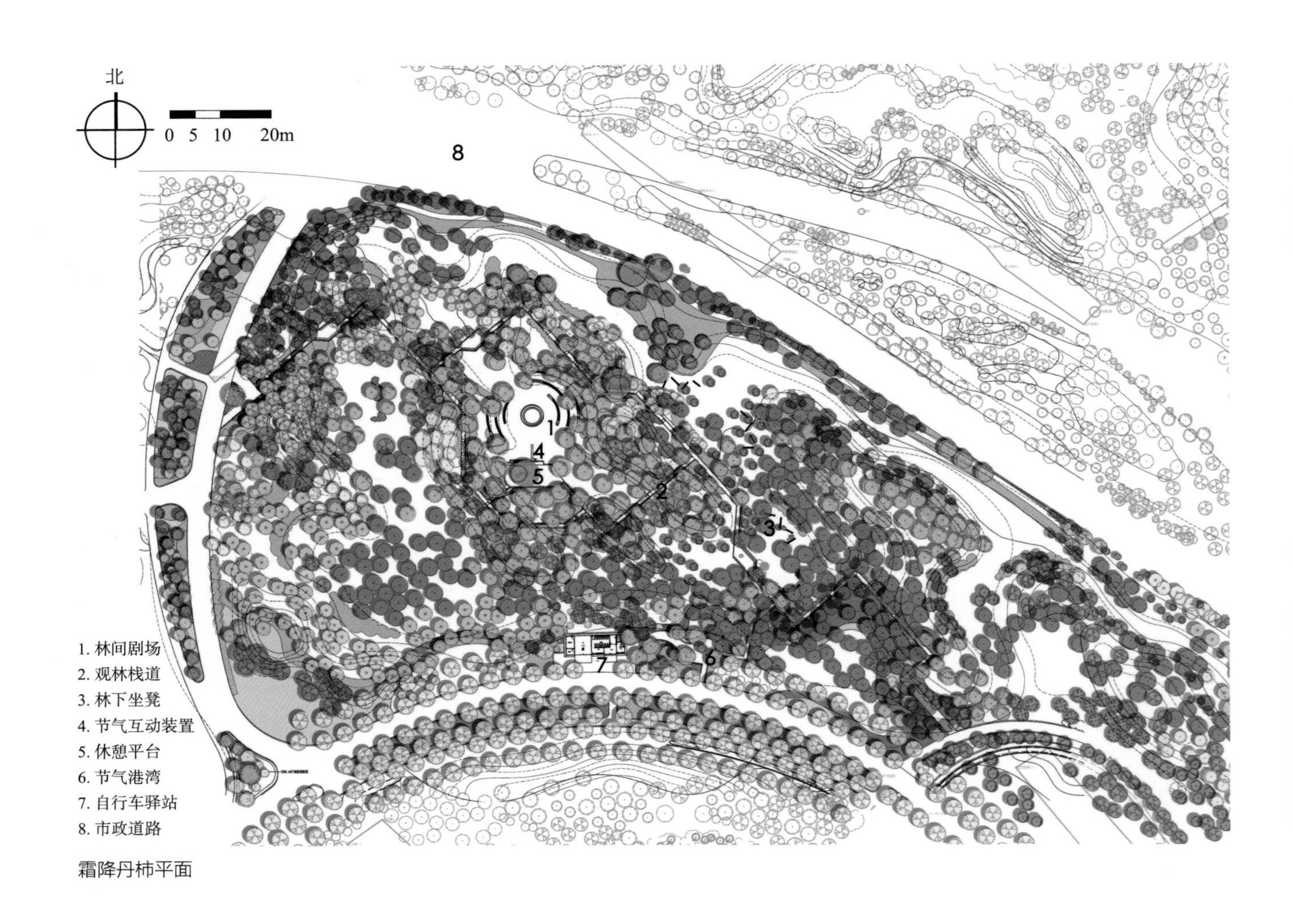

霜降丹柿平面

霜降丹柿实景

3.2.19 立冬新柏

立冬是冬季六大节气之首。“立”是开始的意思；冬季柏树常青，“新”寓意冬季蕴藏着希望和新生，故此节气节点取名立冬新柏。立冬新柏节点位于星形主园路南侧，总占地 6340m^2。立冬节气景点围绕展现节气候应“雉入水”为蜃的主题和立冬传统习俗——冬学的特色场景打造，从空间形象的表达以及场景功能的体验两个层面，让游人对于立冬的节气文化产生更深刻的认识和理解。

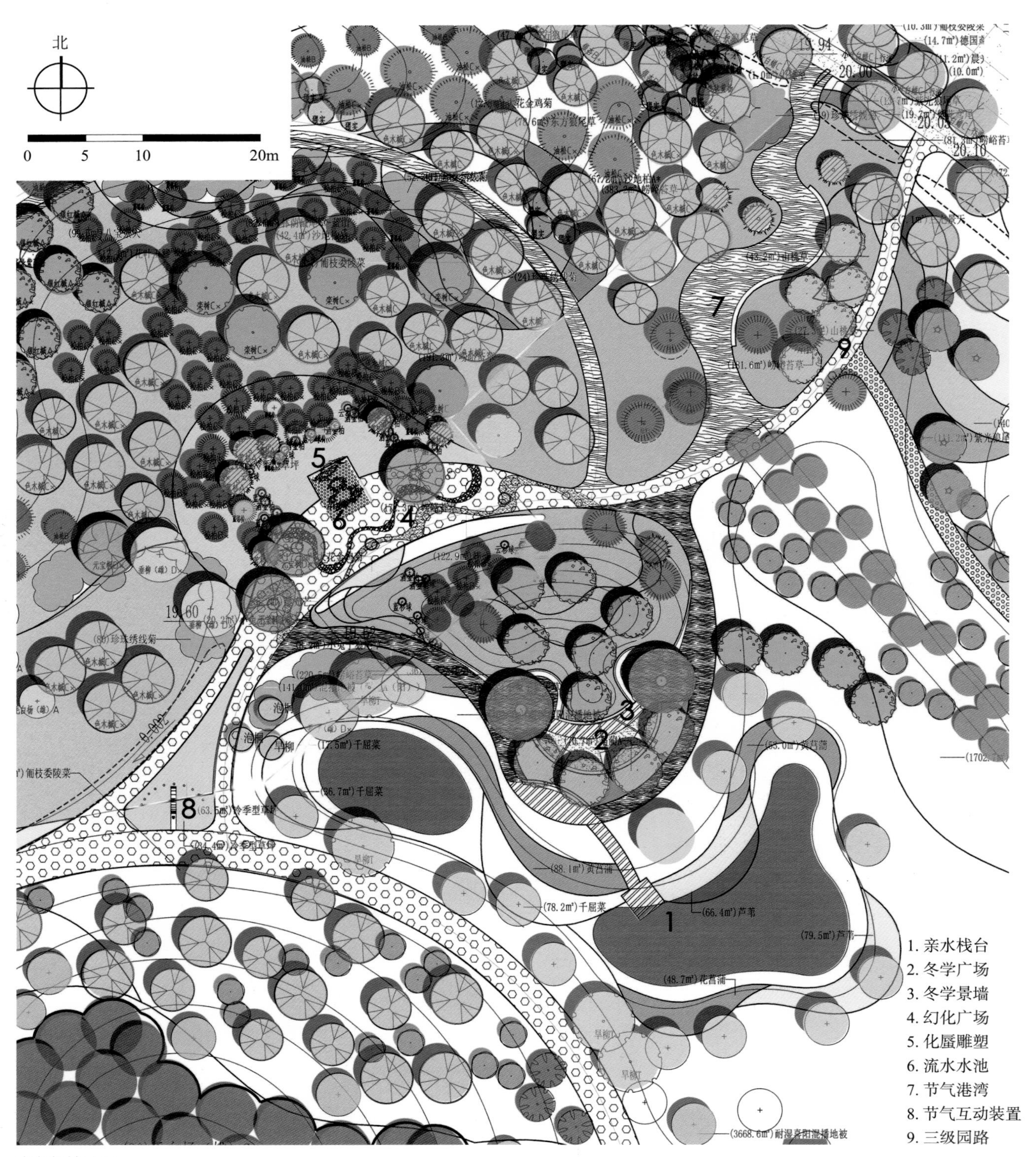

立冬新柏平面

“雉冬化境”景观采用镜面水倒影的方式来表达万物幻化的意境，中间白色雕塑为雉鸟飞跃的造型，其倒影在水中则映像为贝壳的轮廓，表达出立冬节气候应中“雉鸟入水化为蜃”的幻化过程。背景林以柏树为主，搭配各类常绿树，衬托出雉鸟飞跃雕塑幻化的造型，很好地体现了“雉入水”的主题意境。

俗话说“冬之始，拜师学艺之时也”。自古以来，入冬后，夜间较长，又到了农闲时节，在这个季节办“冬学”是最好的时间。景观结合场地设计了立冬“冬学”主题广场，并以“儿童冬学闹比邻”字样点题，场地内白墙上刻以《三字经》等经典诵读名句呼应“冬学”主题，行走其间，郎朗书声仿佛就在耳畔回响。同时周边设置木质座椅、桌台等设施，为游客们提供一处在体验传统节气民俗活动的同时，又能休憩、学习、娱乐的好去处。场地周边以桧柏为主景树，搭配蓝杉、洒金柏、蓝塔桧、金花桧等色彩丰富的针叶树，结合金叶复叶槭、银红槭、色木槭、元宝枫等落叶乔木，同时点缀珍珠绣线菊，形成四季有景、色彩丰富的植物景观空间。

立冬新柏实景

立冬新柏实景

3.2.20 小雪听篁

小雪听篁景点与立冬新柏景点相邻，南接千年惠林景点，北侧紧邻星形主园路，总占地 14800m^2，以表达“竹林初雪、红珠白羽”的景象为特色。俗话说“小雪地封严”，初雪时节，天地始冻，晶莹雪花缓缓亲吻着大地，飘落在竹叶之上，营造出初冬听雪的美好意境。景点内遍植宿果的北美海棠，在初冬之时色彩艳丽的红果挂于枝头，展现出“红珠白羽”的特色美景。雪花初降时节，冬的脚步踏着竹林簌簌之声，在镜面雪花雕塑的映衬下显得轻柔而富有诗意。

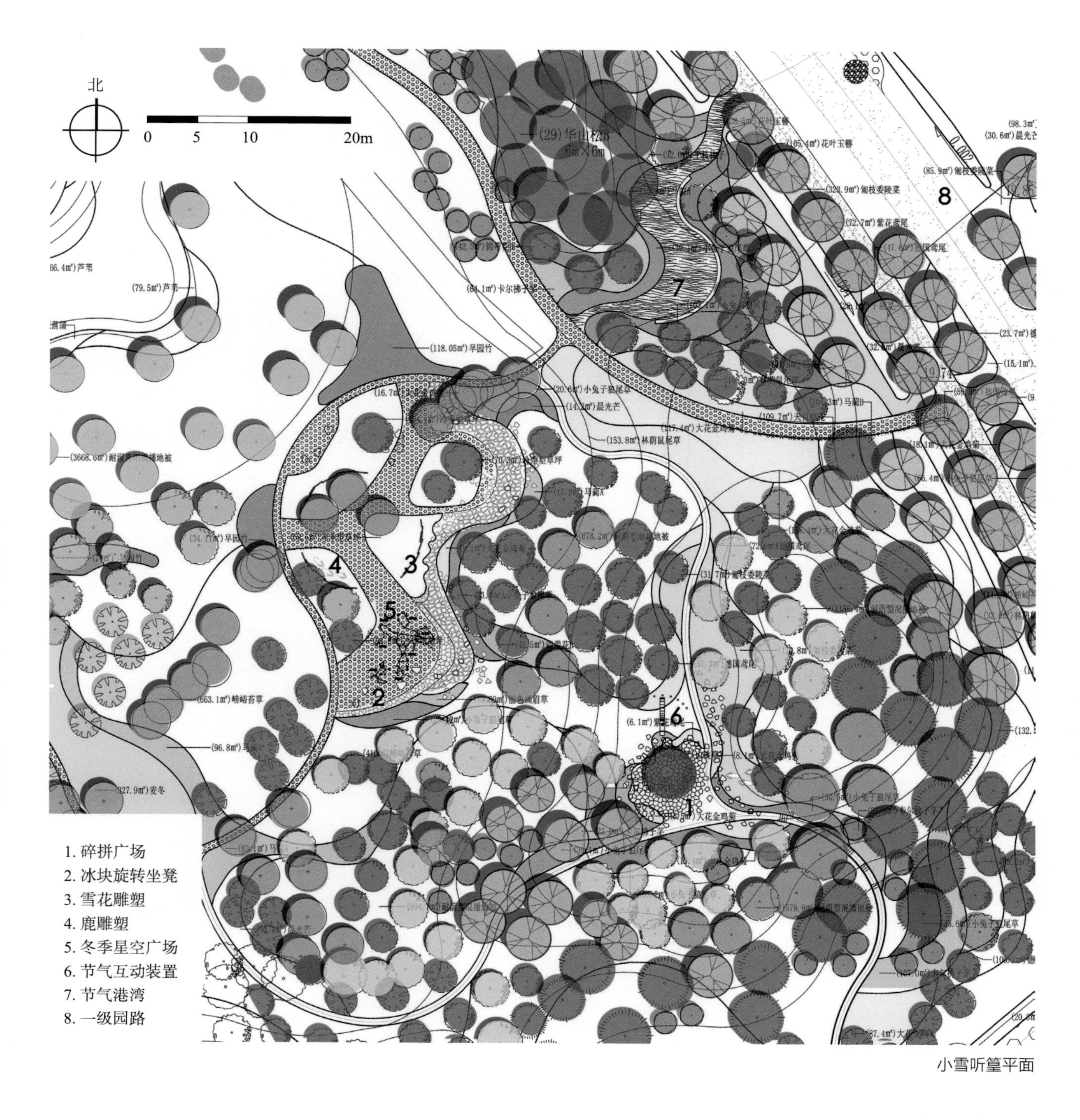

小雪听篁平面

小雪听篁景点设计结合现状大柳树环绕镜面雪花和小鹿雕塑，营造小雪候应之闭塞冬的景象，场地铺装均采用冰裂纹的铺地形式，展现出初冬时节冰封大地的氛围，随机在地面上散置的冰块状旋转座椅让人们在与之互动的同时，感受到冬季景观元素的趣味和特色。地面铺装以冬季星象图案点缀，人们可在此仰望星空，感应天象，体验自然季节变化的意趣。

小雪听篁景点场地竖向空间变化丰富，核心景观区保留有树形优美、枝叶婆娑的现状大柳树，在其背风向阳地段片植早园竹营造出竹林听雪的意境。南侧及东侧坡地大量栽植主景植物北美海棠，以亚当、丰盛、印第安魔力等宿果品种为特色，在南侧坡地制高点特选一株当娜海棠为主景树，周边栽植多种北美海棠，如春雪、高原之火、道格、绚丽、红珠宝等，与核心景观区遥相呼应，展现出“红珠白羽”的特色景观效果。

小雪听篁实景

小雪听篁实景

3.2.21 大雪松涛

大雪松涛景点位于星形主园路西侧山坡之上，北侧紧邻千年惠林景点，是领导植树区的背景林，总占地面积 16000m^2。景观设计以姿态清奇、风格俊逸的 7 棵造型油松为主景植物，在千里冰封、万里雪飘的严冬时节，展现青松傲雪的高尚气节和品质。节点设计以星形园路为主要观赏面徐徐展开，在坡地上将景石与特选造型油松相结合，根据各自的俯仰姿态进行搭配，形成姿态各异的松石组合，来展现公正、坚韧、好客、长寿、团结、拼搏、奉献等高尚气节和品质，松石搭配相得益彰，形成一幅“大雪松涛”的景观画卷，成为彰显大国气质的标志性景观。

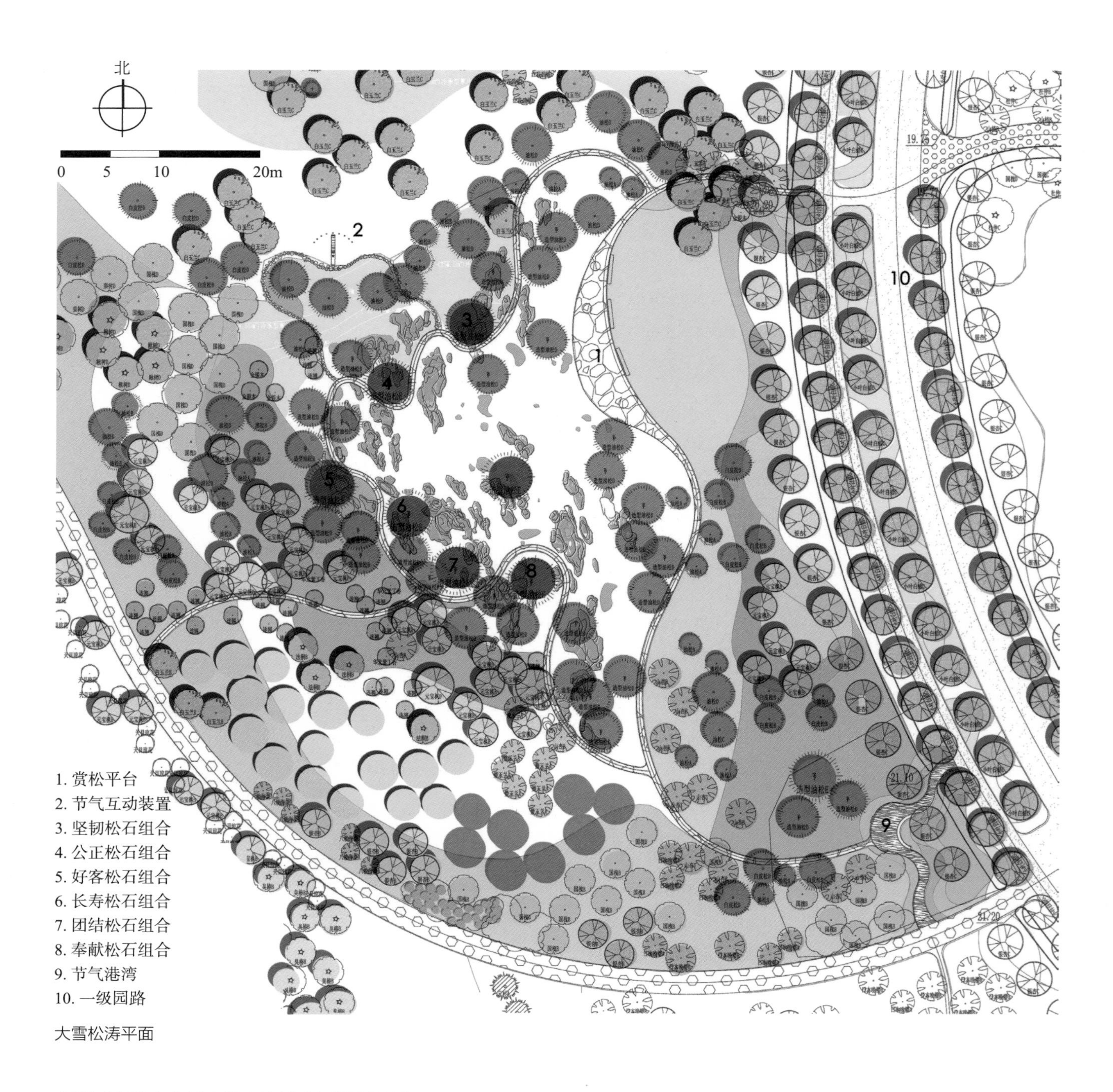

大雪松涛平面

大雪松涛景点以油松为节气植物，结合坡地竖向，配植了大量造型油松，营造了疏密有致、高低错落、富有意境的植物景观空间，造型油松的背景林选择冠型饱满的元宝枫、悬铃木等品种，形成连续的、富有变化的天际线，衬托出造型油松的景观空间意境。港湾以 3 棵造型油松为主景，搭配景石，呼应大雪节气主题特色。在港湾以及上山小路周边栽植了山杏、金银木等小乔灌木，形成夹道景观，引导游人视线，达到欲扬先抑的空间效果。节点山坡上选取 7 株特选的造型油松作为主题油松，与景石相结合，其他的造型油松作为配景或背景，地被植物结合景石进行配植，以马蔺、沙地柏、平枝栒子、观赏草等为主，共同形成一幅浓墨重彩的松石画境。

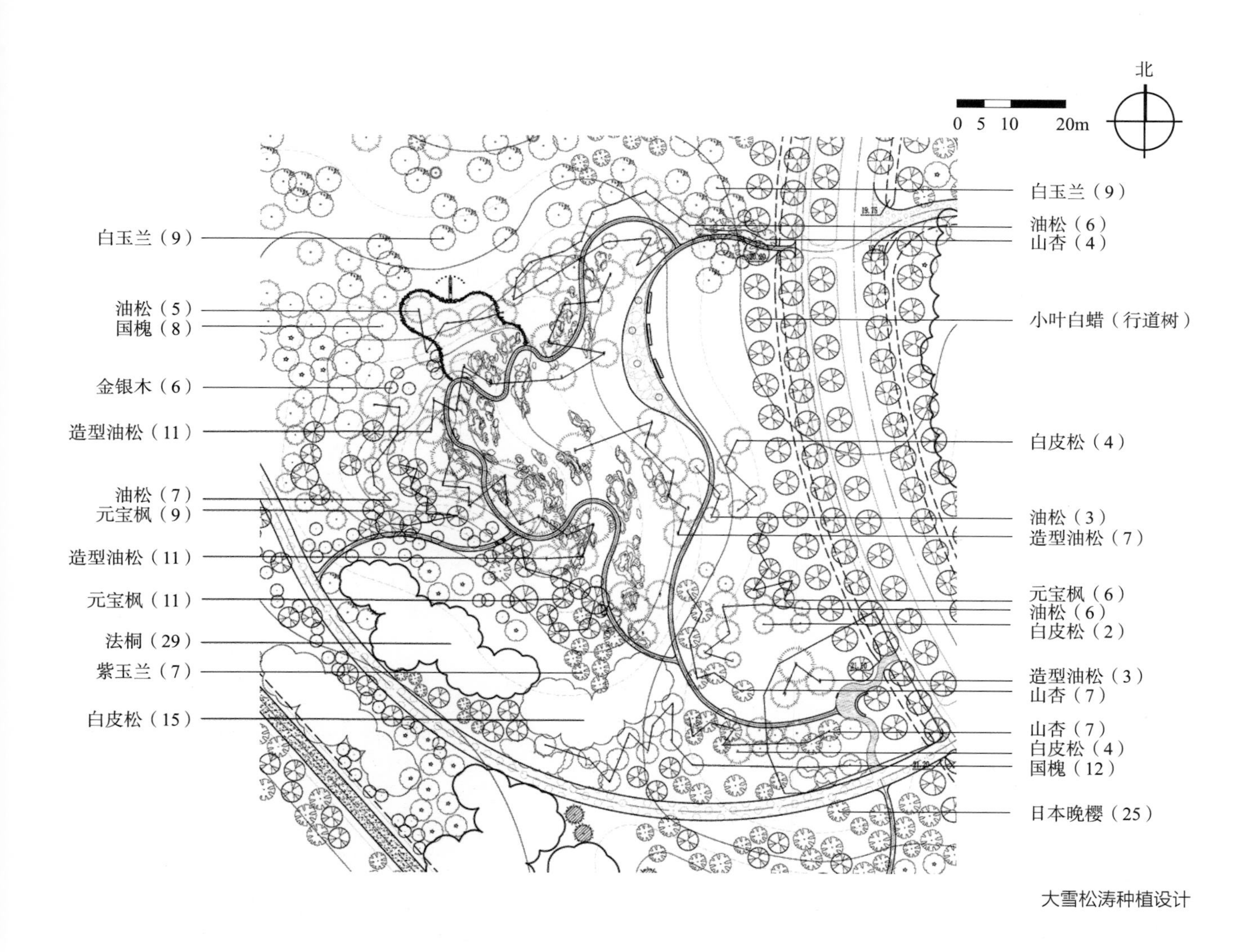

大雪松涛种植设计

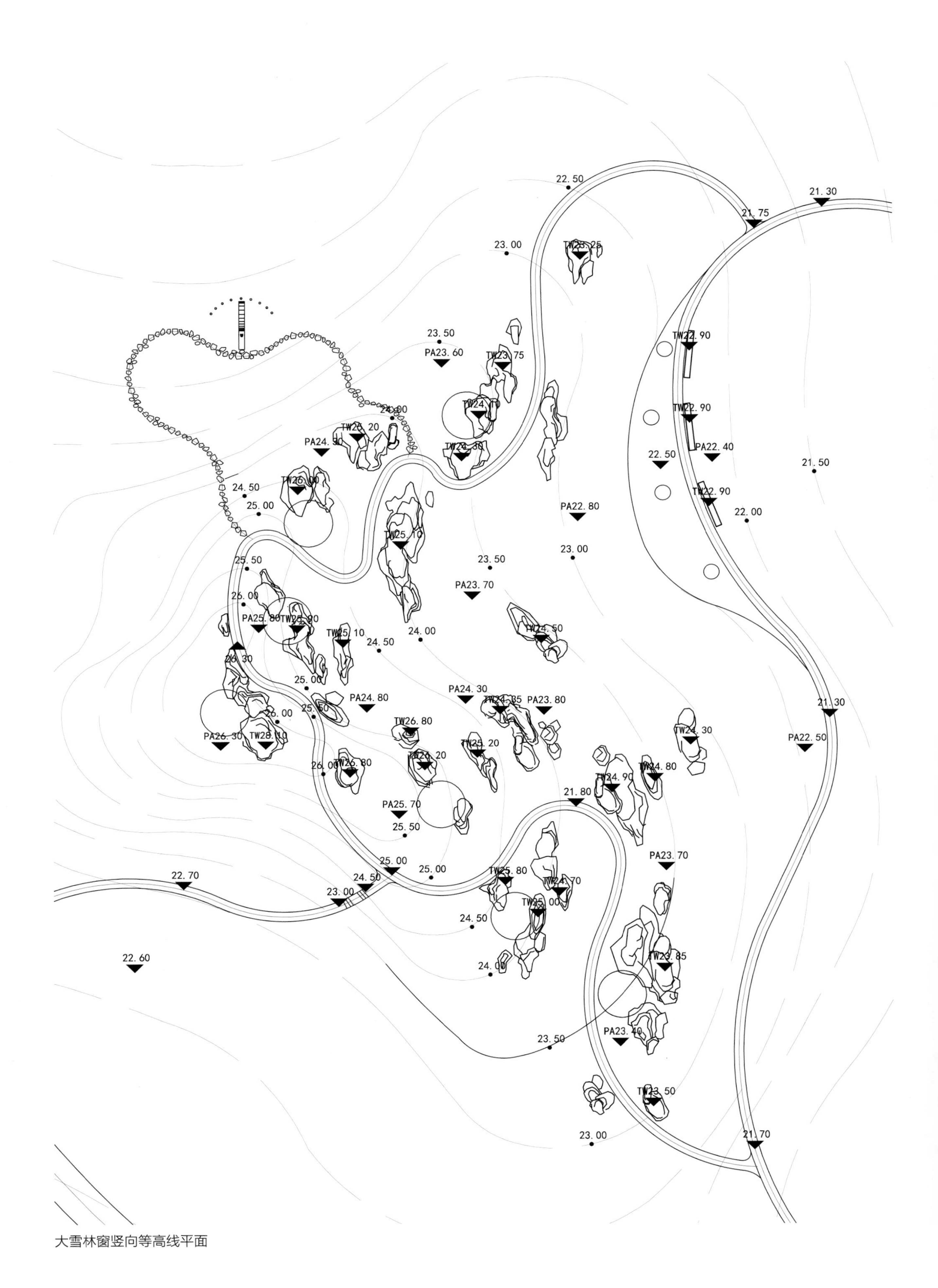

大雪林窗竖向等高线平面

大雪松涛立面

大雪松涛实景

大雪松涛实景

3.2.22 冬至数九

冬至数九景点东南侧接绿心北门区，西侧紧邻星形主园路，占地面积 18800m^2。冬至是二十四节气中非常重要的一个节气，兼具自然和人文的内涵，是我国传统节日中的“大吉之日”，民间自古就有“冬至大如年”“冬至一阳生”的说法。景观主题为“松影梅香”，以观松姿、品梅香来展现冬至植物的景观特色。场地融合绿心北区游客服务中心功能，建筑空间呈一内一外院落式布局，建筑功能以游客服务和商业为主，配套管理办公等功能，建筑面积 2095m^2。景观序列空间从南入口开始以松迎客、梅含韵、石守拙三个层次依次展开，体现冬至节气新物候“松梅韵，庭香含，水泉动”。整体布局步移景异、开合有致，外围通过微丘地形设计以白皮松为主的背景林，营造出背风向阳的小环境，以适合梅花生长，同时打造出探幽寻香的景观意境。从南入口以松石小景打造松迎客的迎宾空间，入口建筑上匾额以“松影梅香”点题，移步进入则可一览古韵飘香的中国传统建筑庭院空间，松姿绰约，暗香浮动，在朱漆金线的中式古

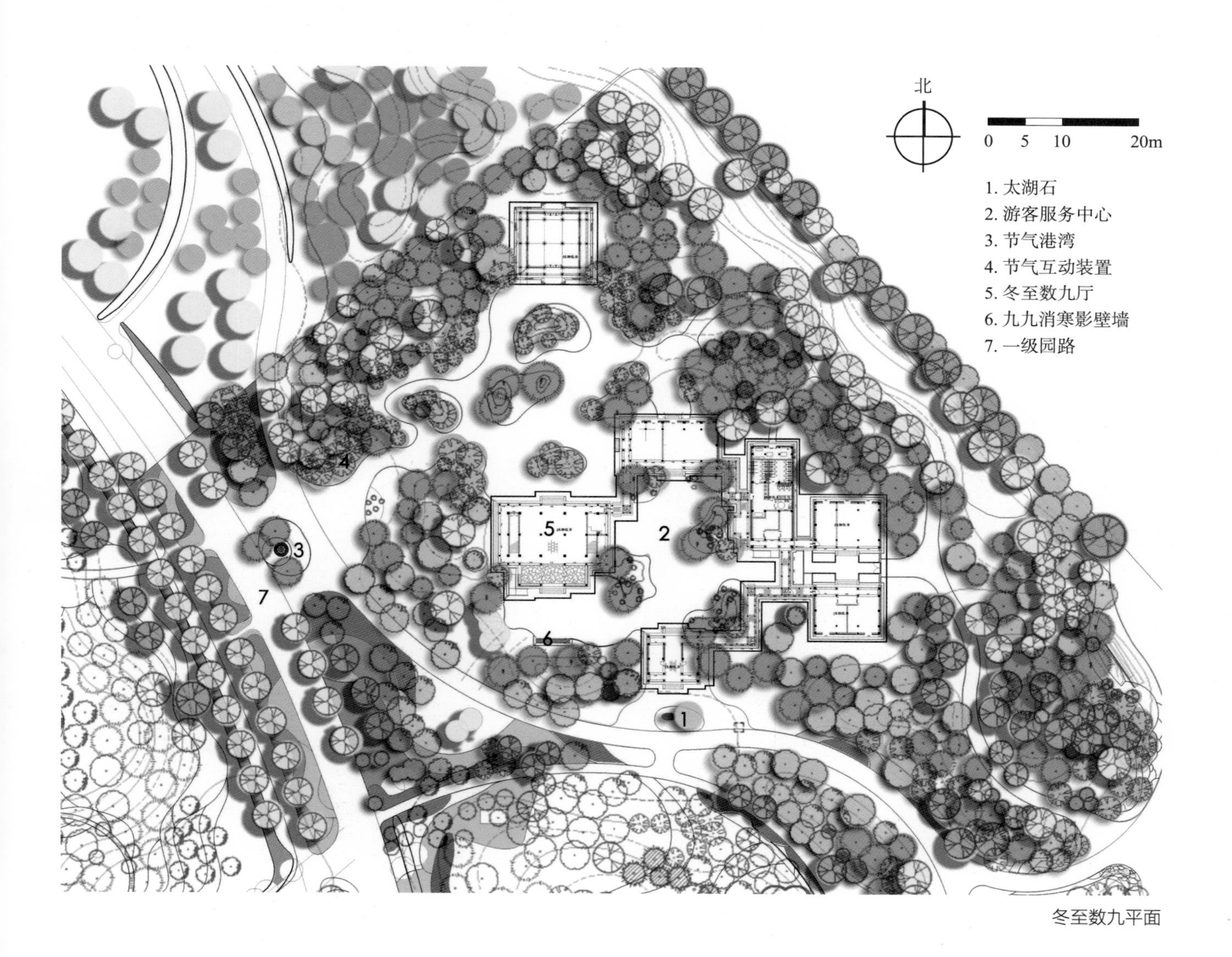

冬至数九平面

典建筑的映衬下显得别有韵味，人们在此可赏松观石，体验守拙归园田的雅致。内外庭院以通廊连接，进入外院可见几个自然形状的绿岛散布院中，岛上杏梅枝虬叶茂，苍松俊逸舒朗，二者结合呈现出一幅天然画境，人们徜徉其间可驻足赏梅，亦可休闲友叙。而庭院主景建筑沁芳梅苑、冬至数九厅内可以供游人们开展品茗会友、冬至节气特色活动等。

冬至数九节点的节气植物为白皮松和梅花，根据梅花的生长习性，在北京需要营造背风向阳的小气候环境。植物设计上结合园区古建，在冬至节点北侧配植了大量的白皮松、油松等常绿树，用来遮挡北京冬季盛行的北风，营造良好的小气候环境。在梅花的三个品系中，樱李梅系和杏梅系的耐寒性稍强，真梅系的耐寒性稍弱。冬至节点以樱李梅系的美人梅和杏梅系的丰后为主要品种，在小气候环境最好的冬至内院点植真梅系的朱砂、宫粉、绿萼、玉蝶等具有香味的品种，丰富游人的感官体验。

冬至数九实景

冬至数九实景

3.2.23 小寒鹊巢

小寒鹊巢景点紧邻绿心北门区，西南侧接星形主园路，占地面积 12960m^2。小寒时节，鸿雁北飞，顺阴阳而迁移为一候；喜鹊噪枝，感新年之气来筑新巢为又一候；此时仍冰封雪飘，但阳气已动，雉感阳而后有声为三候；山川大地开始气温回暖，自然万物开始复苏。景观设计以森林的各种鸟儿为主角，通过鸟巢造型坐凳、候鸟科普墙等景观构筑小品，展现出雁北乡、鹊始巢的物候景象。景观结合场地内现状大杨树，营造出一片开合有致的疏林草地空间，场地内设置了沙坑、休闲木桩座椅等设施，人们可以在此露营、扎帐篷，开展各种露天休闲活动，同时也能更好地体验小寒节气物候景象的特色，使人在感受自然的生机和野趣的同时得到身心放松，趣味性与科普性并重，营造了惬意而美好的林下休闲活动空间。

植物设计上以常绿植物云杉、鸟嗜植物山楂为特色，吸引鸟类聚集，呼应设计主题。北入口处采用点植云杉的方式，与元宝枫、丁香、山楂等形成组团，港湾东侧的小路则打造云杉夹道的植物景观，共同烘托节气氛围。此外，在保留现状大杨树的基础上，搭配元宝枫、国槐、蒙古栎等大乔木，打造以林下活动为主的疏林草地空间。地被以林荫鼠尾草、小兔子狼尾草、马蔺等植物为主，与山楂、流苏树等开花小乔木共同围合草坪，形成开敞而富有变化的植物空间。

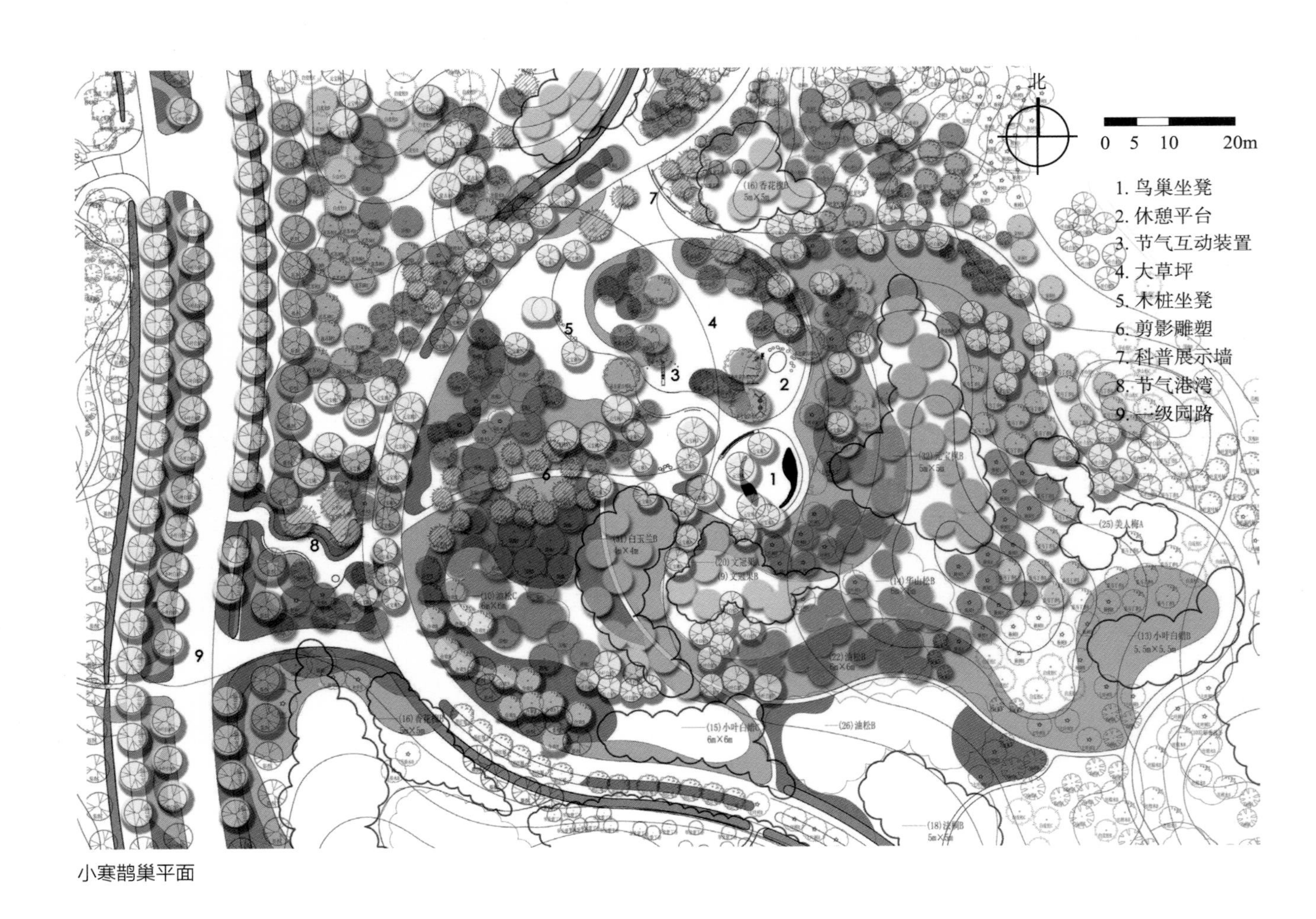

小寒鹊巢平面

小寒鹊巢实景

小寒鹊巢种植设计

3.2.24 大寒迎岁

大寒迎岁景点位于星形主园路东侧山坡之上，与小寒巢鹊景点相邻，占地面积 20500m²。大寒就是天气寒冷到极点的意思，大寒前后是一年当中最冷的时节。大寒节气与中国传统佳节春节临近，自古以来就有“大寒迎年，回家团圆”一说。大寒迎岁景观以“喜迎福年”为主题，在山顶设计了祈福古亭、祈福树、祈福平台，为人们登山祈福提供聚集空间和场所，营造祈福的节气氛围。大寒节气正值“三九”严寒，北方民间有“画图数九”的习俗，九九歌一直传诵至今，我们将九九歌刻于其中一条登山步道的石阶上，并在这条路两侧设计梅花形数九图雕塑，体现这一民俗。另外两条登山步道分别以大寒迎年、腊月顺口溜为主题雕刻在石阶中，使游人在登山过程中可以对大寒节气有深入的感知。山脚下沿星形主

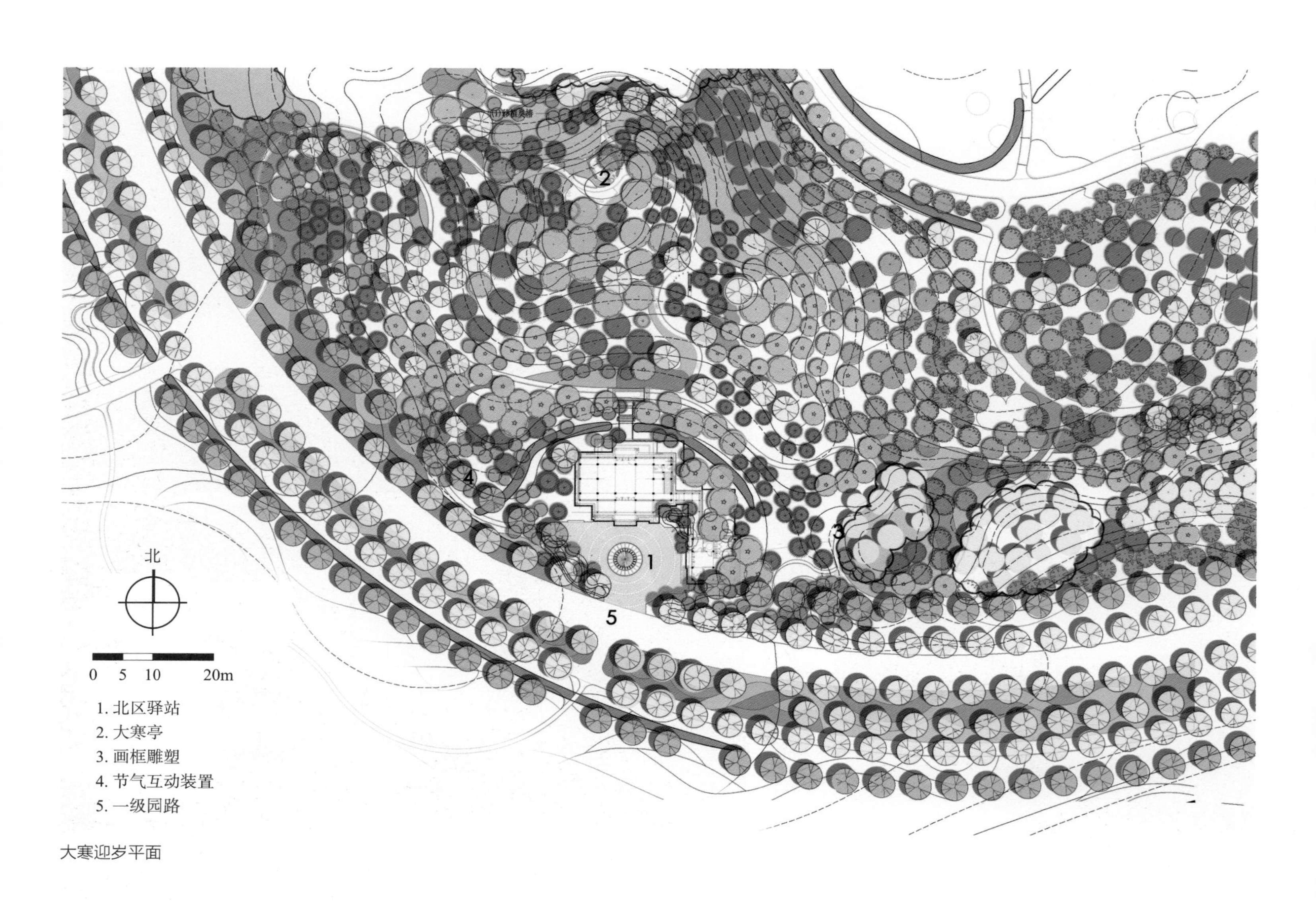

大寒迎岁平面

园路设计了科普驿站作为大寒迎岁景点的一部分，人们可以在这里休憩放松，感受节气文化，同时以此作为冬季的最后一个节气景点收尾，守望着春的到来。

大寒节点的节气树为侧柏和红瑞木，结合山体种植以侧柏为特色的针阔混交林，并沿路种植大面积的红瑞木，形成红烟弥漫的景观效果，烘托出迎年的喜庆节气氛围。登山步道两侧栽植山杏、丁香、金银木等开花小乔灌木，保证山林花开的景观效果，同时点缀了元宝枫、蒙古栎、杜仲、七叶树等大乔木，在夏季提供适当的荫蔽。在山顶点植国槐为主的大乔木，为大寒节气登高赏景、登高祈福提供活动空间。

大寒迎岁实景

迎岁

大寒迎岁实景

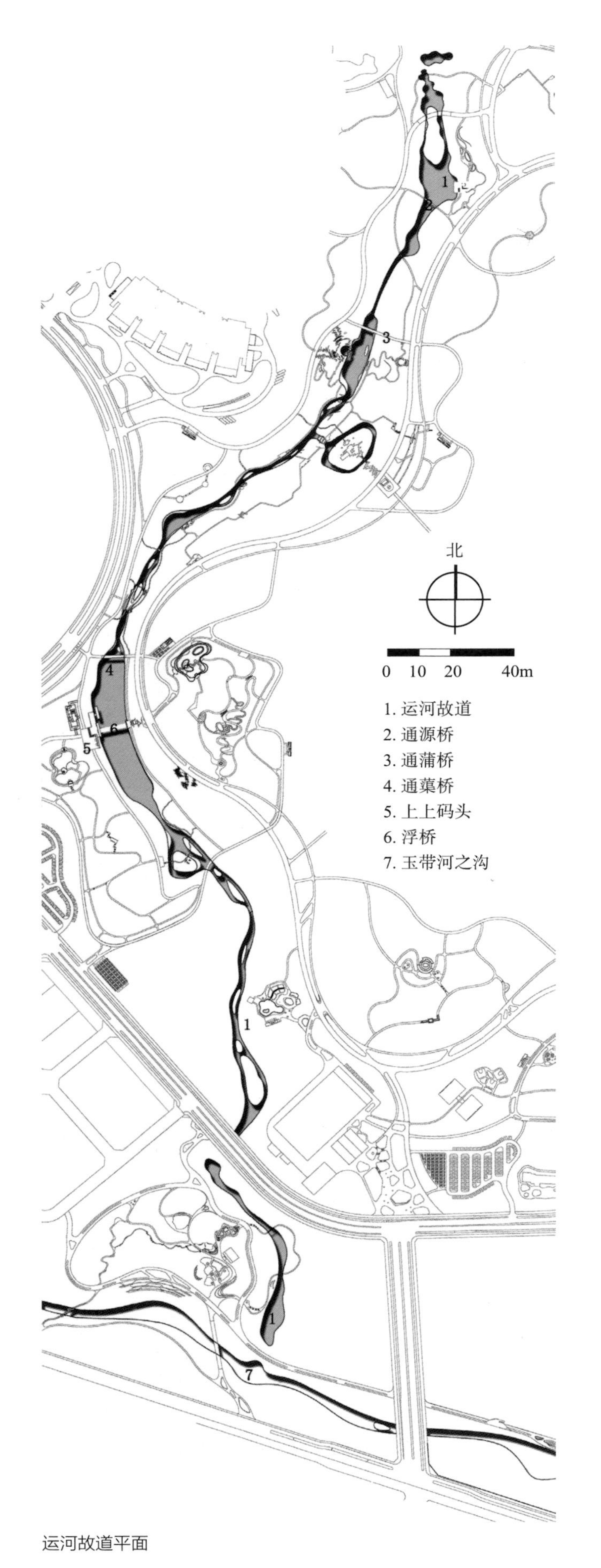

运河故道平面

3.3 运河故道景观带

3.3.1 运河故道

运河故道景观带位于城市绿心森林公园西部，全线约 2.5km 长，平均宽度 50~60m，是明朝嘉靖年间运河流经之所，后来因为洪水泛滥、泥沙淤积，天长日久，故道废弃淤浅，最终湮没无闻，运河也改道至后来的北运河。从万亩林海中蜿蜒流过的运河故道，通过复原《潞河督运图》中的漕运场景，结合史料以及文学作品中的意境描述，再现了运河故道悠悠古韵的风貌，昔日的运河在今天成为历史文化与生态文化融合的城市河道景观。

（1）历史场景再现，展示运河古韵，延续运河文脉

大运河作为京杭大运河的起点，千百年来，积淀了丰富的文化遗产。2.5km 长的运河故道景观带可以概括为“一故道、两柳堤、三景区、八节点”，在丰水期和枯水期呈现不同的景观特征，为游人提供了独一无二的沉浸式景观体验。运河故道北起段为历史遗迹展示区，包含了寒露凝秋、秋分望月、白露荻雪、漕船印象四个景点，它是历史记忆载体集中体现的区域，借由自然天象与植物景观，打造自然生态下的运河故道景观，与三大建筑相依相融，映衬出漫漫历史长河，古今辉映。运河故道中段为文化功能衍生带，既是历史文化的挖掘、展示、延展，又是现代生活的融合与凝聚。依据《潞河督运图》复原的上上码头景点，通过码头、浮桥、驳船等集中表现了运河故道的漕运功能，重现了昔日运河繁华漕运景象。在运河历史故道的堤岸种植大量柳树，营造垂柳蓬茸的景观。运河故道南段为绿色生态涵养带，包括芒种勤耕和玉带花溪景点，造景与农耕文化相结合，集中展现了昔日运河边农耕生活的淳朴与自然。

（2）生态策略再现运河故道自然优美景观

运河历史故道采用生态自然的景观营造模式，结合园区的海绵系统，构建绿色、生态、健康、非满水的生态水域。通过历史研究及考古成果，确定运河故道的位置及流向，结合城市绿心森林公园的建设要求及公园游览，确定运河故道空间展示宽度 50~60m；结合公园的雨水海绵系统，确定堤岸、河床、常水位标高。

运河故道采用多途径的水源供给和节水保水措施，保障水质水量。常水位区域内部种植丰富的浮水、挺水植物，营造生态景观湿地，对运河故道的水质起到调节作用，实现水生态环境的良性循环。堤岸两侧利用植物界定水系空间，开阔水面区域的水面宽度为 30~50m，采用直驳岸，展示运河改道前的景象。子槽区域采用自然驳岸，结合滩涂地，展示运河改道后的景象。生态湿地区为干湿

结合的弹性景观系统，适应雨季和干旱季节水位变化，河滩区以耐湿的草本和耐淹没的树种为主，选择根系非常发达、固土层能力强的乡土植物品种，如千屈菜、荻、芒属植物，构建为鸟类及两栖类动物提供栖息环境的生态化自然化河道。

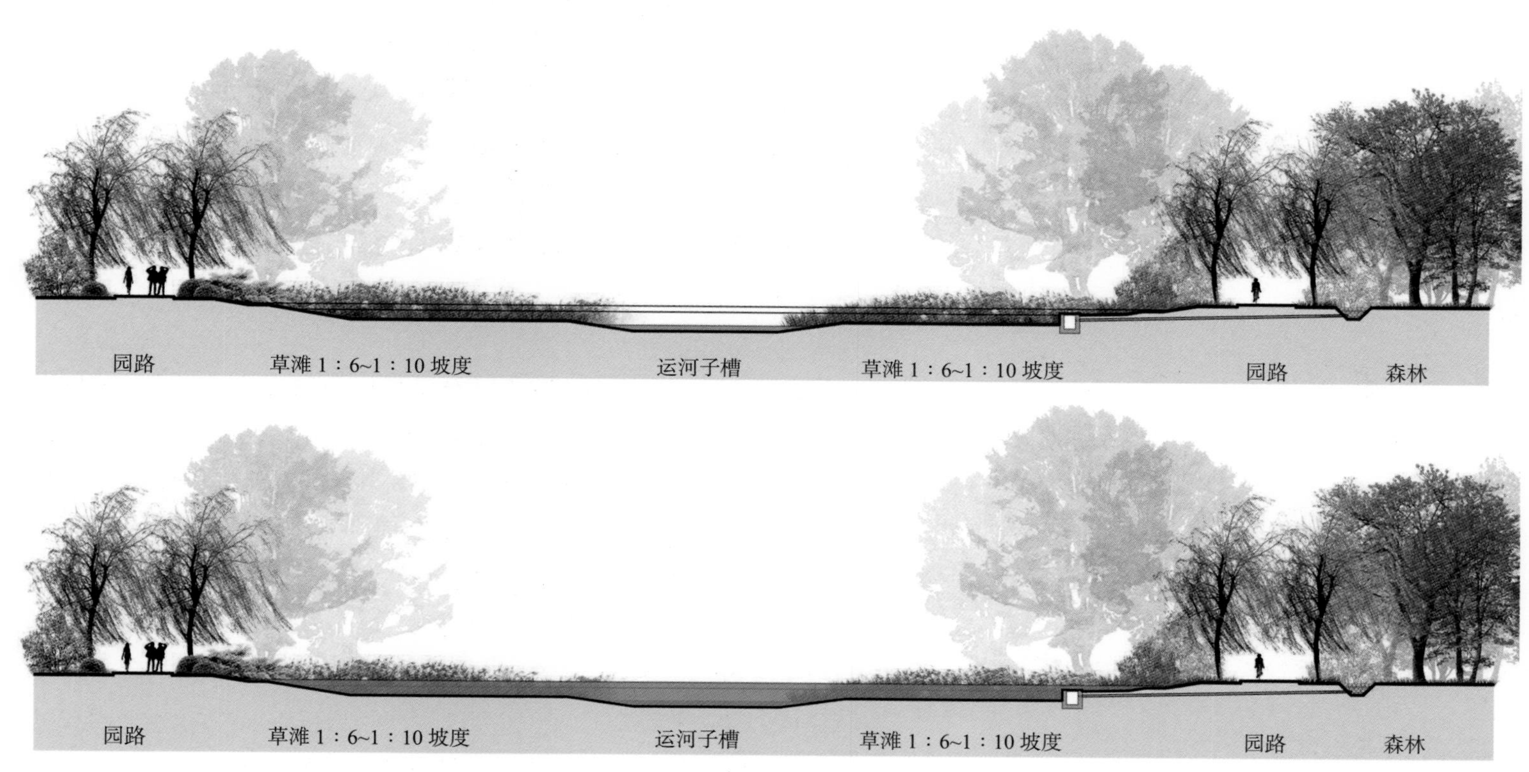

运河故道枯水期与丰水期剖面 1

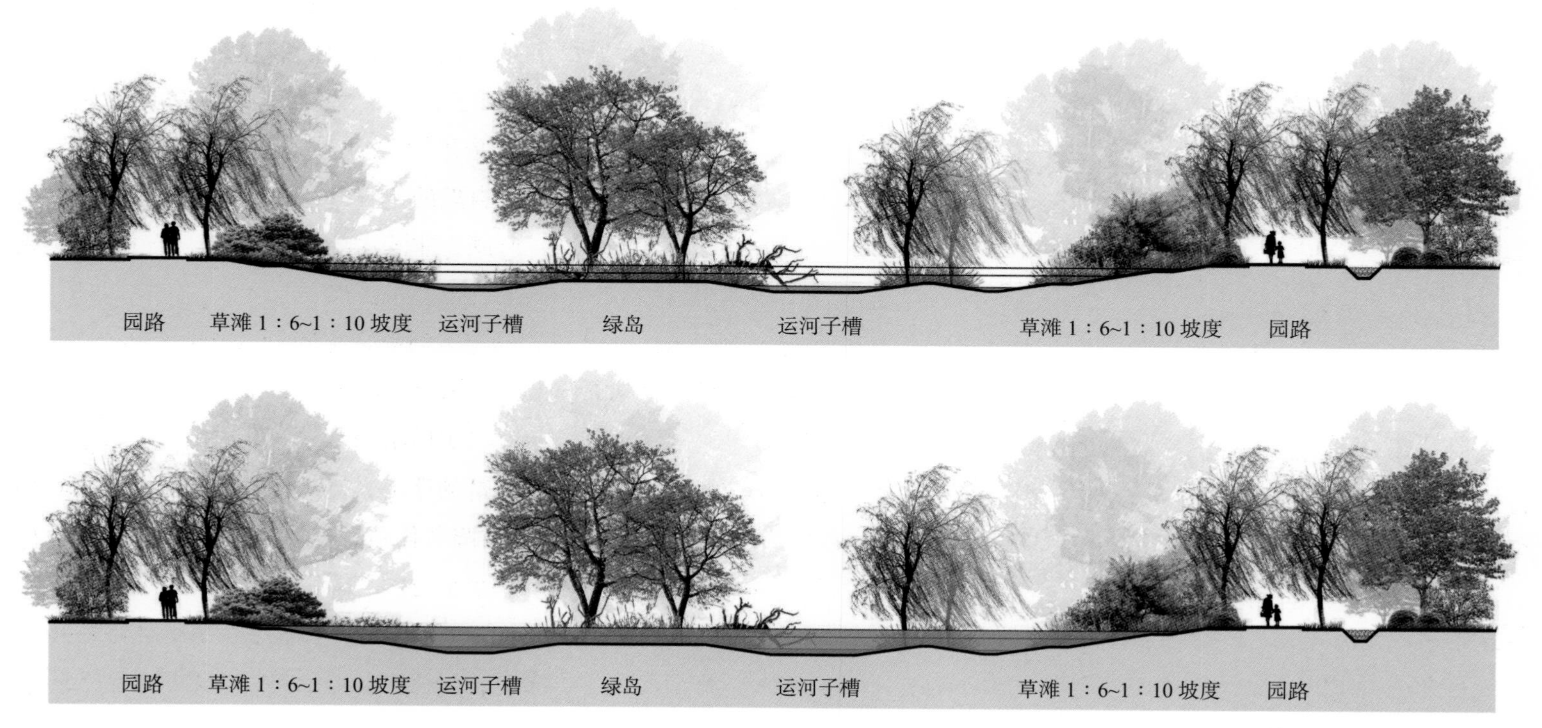

运河故道枯水期与丰水期剖面 2

运河故道通蕖桥实景

运河故道实景

运河故道生态湿地实景

（3）多样游览系统，满足不同人群的游园需求

运河故道北段结合城市绿心森林公园的游览系统，沿故道设置多样的游园系统，沿河堤的木栈道、临水的青石板铺装、河滩中的汀步以及水中的汀步，使游人从不同角度观赏运河故道景致，满足不同人群的游园需求。

通过在城市绿心森林公园内运河故道的水系恢复实践，总结出历史水系的恢复策略，在充分尊重历史的前提下，恢复历史水系地形地貌以及水系空间，结合当地水环境条件和气候特点，因地制宜，构建绿色、生态、健康的生态水域，历史文化资源的挖掘、提炼、转译和展示，重点营造城市文化的水系空间，弘扬历史文化。

运河故道生态湿地实景

运河故道实景

3.3.2 上上码头

上上码头景点位于运河故道景观带中段西侧，临近城市绿心森林公园西门区，景点面积约 10000m^2。

据推断上马头村是张家湾镇漕运码头上码头所在地，如今坐落在城市绿心森林公园的南部，因此运河故道景观带以此为依据复原码头风貌，并命名为上上码头。

从西门区入流线形园路进入城市绿心森林公园，到达运河边上上码头景点，岸边的驿站建筑、入水的石板平台、船体组成的浮桥、停靠码头的船舫模拟了《潞河督运图》中码头的场景。据资料记载，历史上运河故道附近的皇木厂村是明代朝廷采征木料、石材的存放地，设有皇木厂、花板石厂等。在上上码头景点的造景元素中，我们应用石材做码头铺地及运河驳岸，用木材做浮桥，从材料到场景，再现《潞河督运图》中的运河码头，重现昔日运河繁荣的漕运景象。

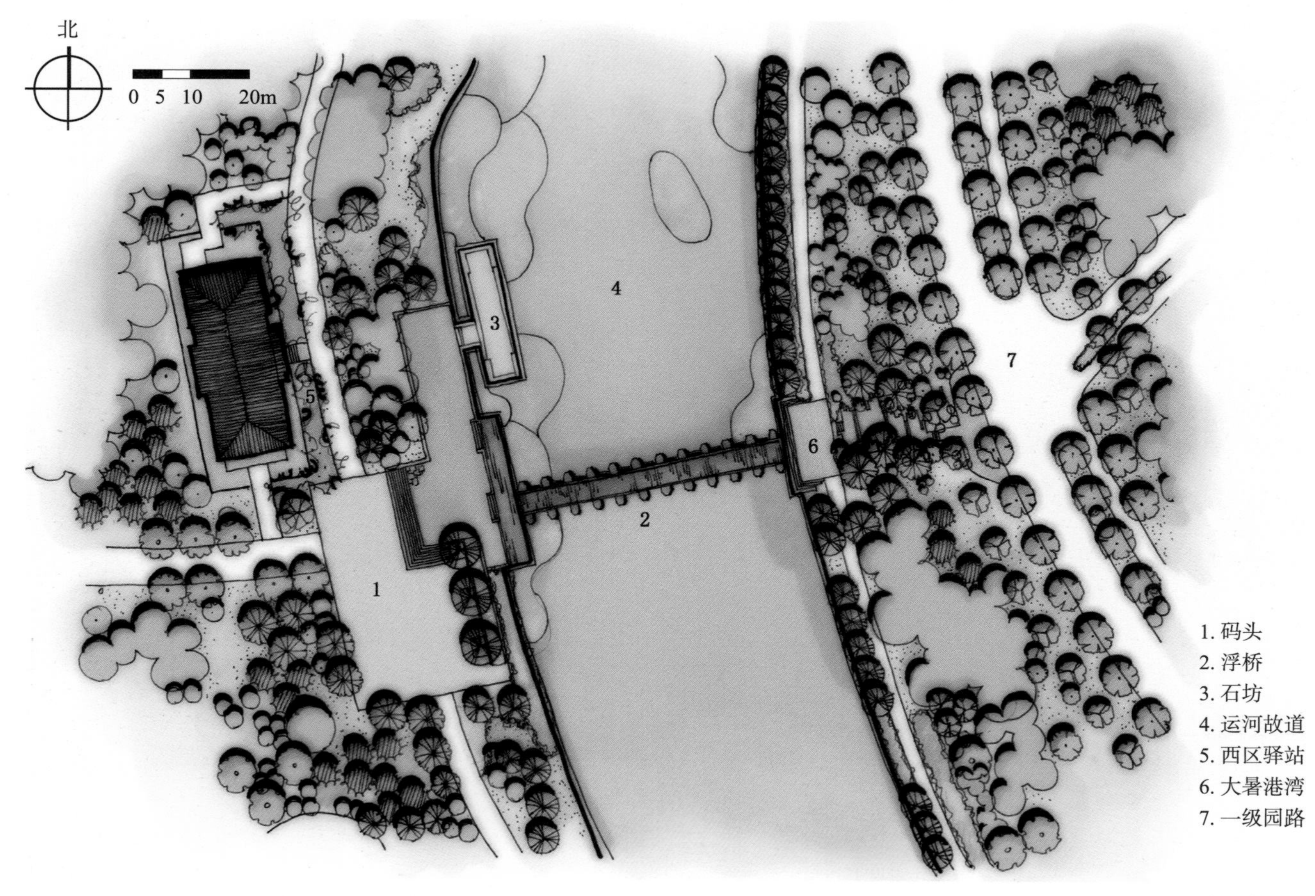

上上码头景点平面

上上码头雪景

上上码头浮桥实景

上上码头实景

3.4 文化区

3.4.1 东方化工厂址

东方厂址位于城市绿心森林公园核心区的西侧，占地面积为10000m²。为推进北京城市副中心的规划建设，原东方化工厂搬迁进行生态修复，建设生态保育核，东方化工厂区的入口空间原址保留并展示，通过绿色空间的渗透与链接，重新塑造工业遗址与自然的联系，保留场地记忆。

原东方化工厂厂区入口空间的景墙、厂碑、汉白玉升旗台及厂区主路两侧的现状树木等原址保留，并结合城市绿心森林公园的需求，厂区遗址、8m+3m宽的一级园路及运河故道等肌理进行复合叠加。

一级园路西北侧的原厂区入口空间，被运河故道环绕，居于水中绿岛的森林中，通过青石板铺装可进入岛内，岛内点植丛生白蜡、元宝枫等秋色树种，与厂区道路两侧原有的银杏共同打造秋季景观特色。地被植物以夏秋开花植物与观赏草细致搭配，使遗址与周边环境融为一体。一级园路东南侧的保留空间，对升旗台及厂碑进行修缮与维护，升旗台内设置东方化工厂旧址的微缩雕塑，站在雕塑前可眺望绿意盎然的生态保育核，见证城市发展由工业发展转向绿色发展。

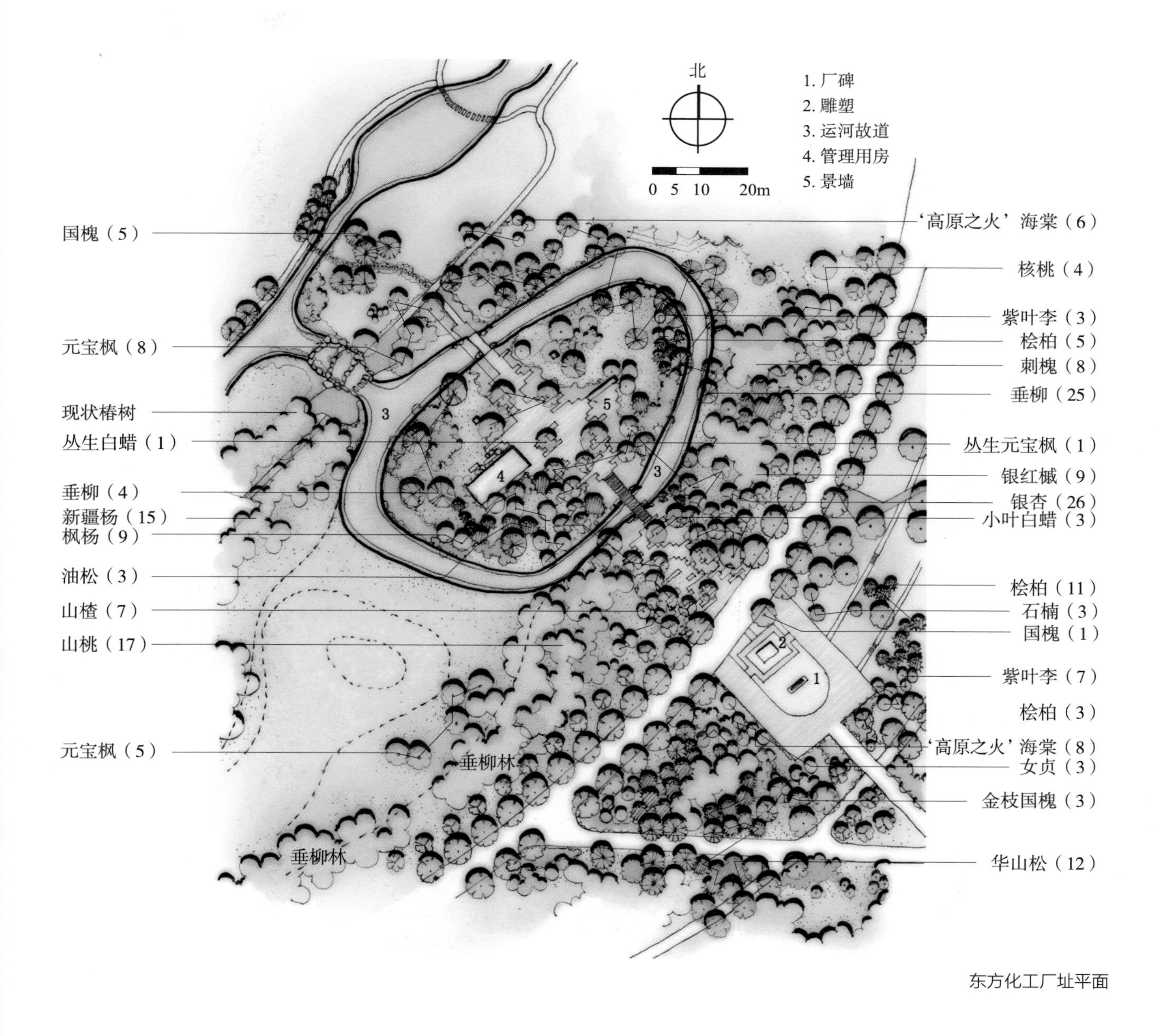

东方化工厂址平面

东方化工厂址实景

林中栈道实景

微缩雕塑实景

3.4.2 雁沐霞林

本景点正对图书馆与博物馆两大文化建筑之间的入口广场，以开阔的林窗串接起森林与建筑之间的视线通廊，打造为文化区最大的绿坡林窗节点。立意取自在最初现场踏勘时望见的雁群，设计场景为红叶如染的疏林草地，南归的雁阵飞掠过夕阳与秋林，如沐红霞。

场地堆坡完成高度约6m，堆坡基层先将原场地遗留建筑垃圾做集中处理，并在场地内就近调配土方，保证新植林木的种植土层厚度不低于2m。绿坡迎向主入口的方向较为开敞，外围以环形园路引至坡顶，游人在自然错落的条石座椅上小憩，隐约可远眺东面的三大建筑轮廓。绿坡的竖向、路径，以及新植色叶林与地被的配置都充分考虑到原生的几株大乔木，将其作为重要的围合边界或是独立的点景树，朴素的乡土树也是林窗场景的焦点。

近于完整椭圆形的坡地布局，空间简约却同时解决了建筑垃圾、视廊营造、现状树保护等问题，并成为文化区典型的林下多功能活动景点。

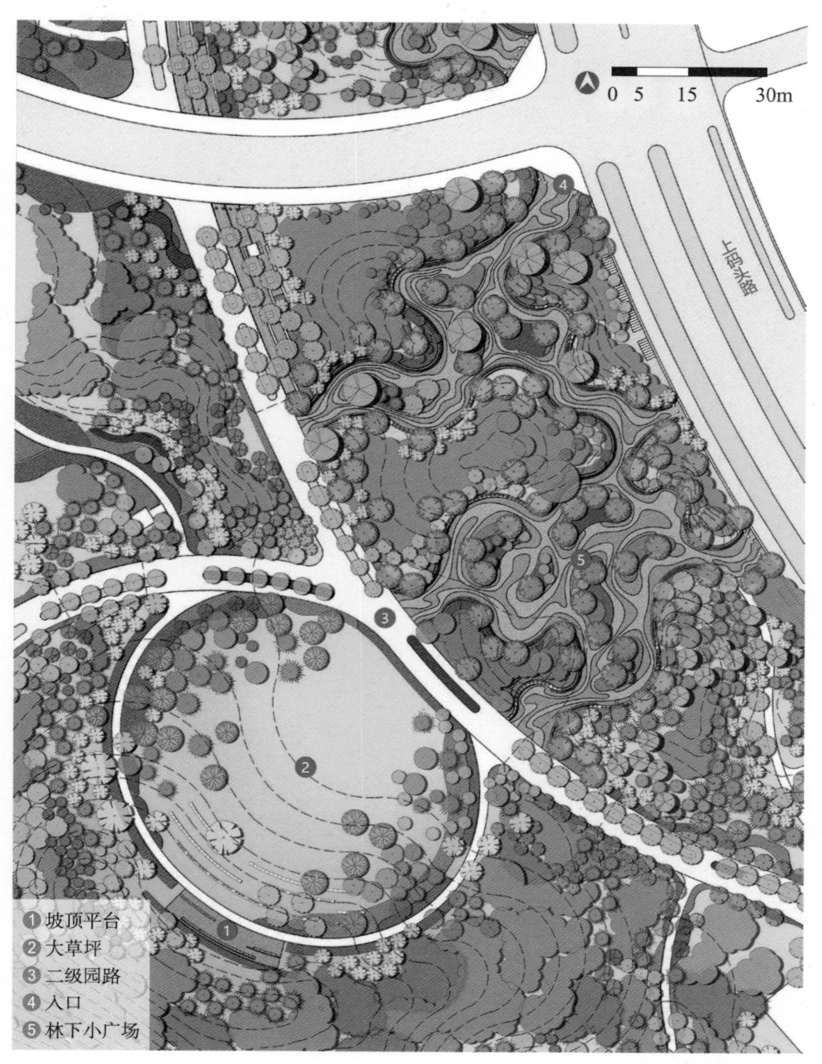

雁沐霞林景点平面

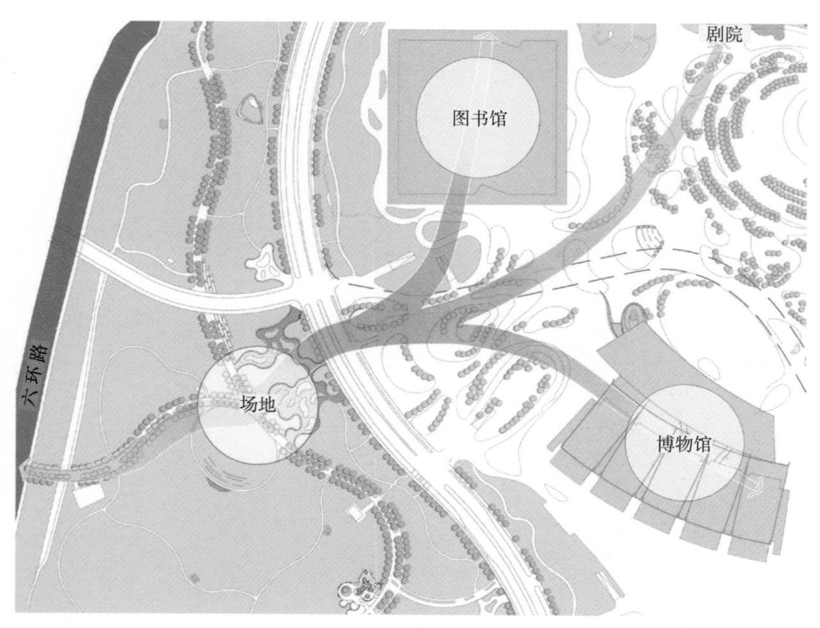

三大建筑与场地关系

雁沐霞林景点实景

雁沐霞林景点种植设计

3.4.3 西门区

城市绿心森林公园的西门区位于绿心路与上上码头的交汇口，占地面积为10000m^2，处于秋季景观区，入口场地通过一级园路连接上上码头节点。入口场地以“运河文化”为主题，体现运河文化。

主入口场地采用流淌的曲线形设计，引导游人到达游客服务中心和进入园区一级园路。场地中心绿岛内布置景石作为主景。景石选择带有流动水纹肌理的整石，呼应运河文化。景石后搭配三株姿态苍劲的油松，并点植树冠浓密的元宝枫、白蜡等秋色叶树种，形成绿色屏障。游客服务中心位于中心绿岛北侧，从外围城市道路中看去，游客服务中心掩映在森林中。游客服务中心西侧布置自行车停车场，东侧为机动车停车场。停车场地与游客服务中心采用绿化进行隔离。场地周边种植银杏、法桐等秋色叶树种，油松为基调树种，配植栾树、海棠、白玉兰等兼顾四季效果。

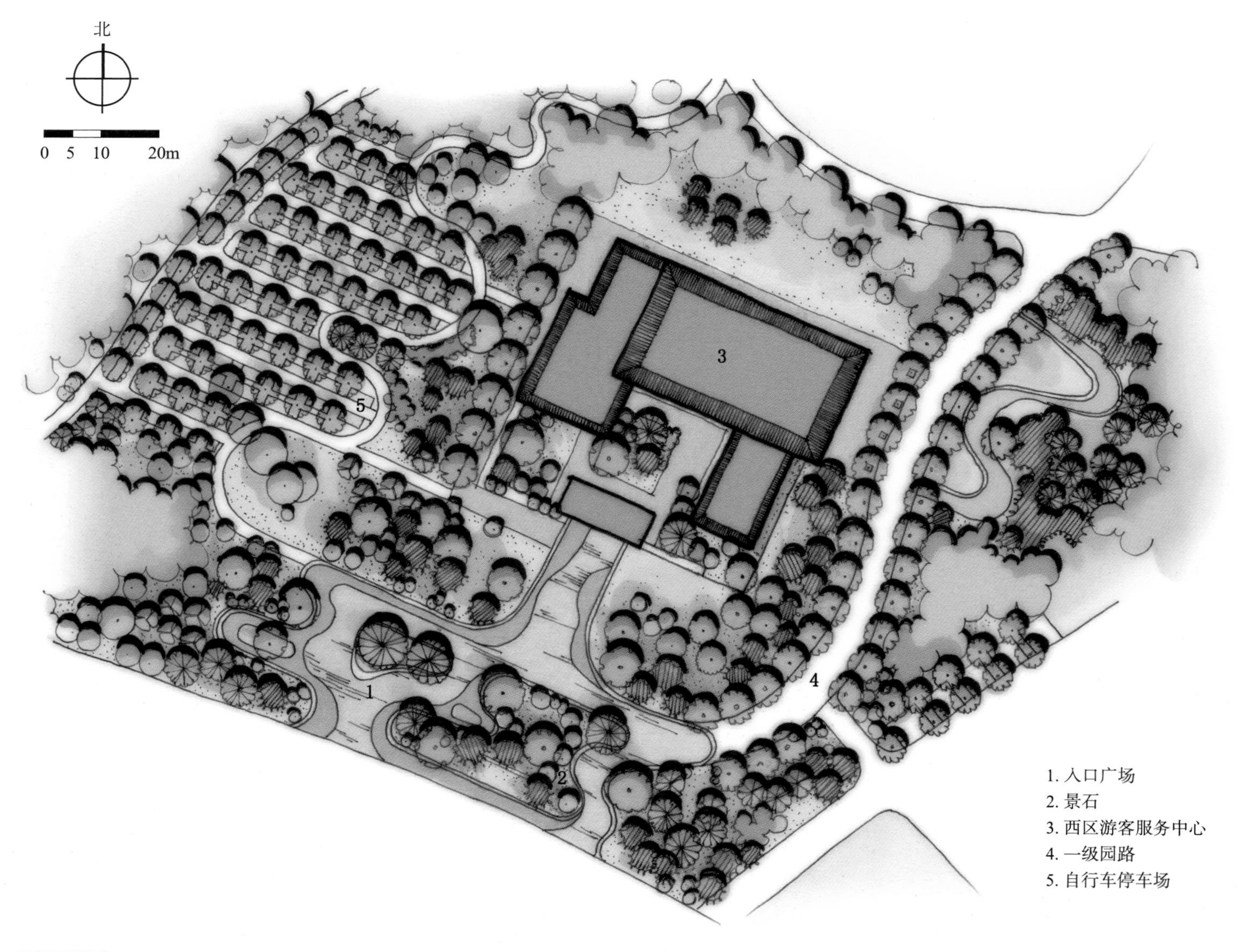

西门区平面

西门区入口景观

西区管理服务用房

3.5 科普区

3.5.1 碧林涵虚

碧林涵虚景点位于城市绿心森林公园东北区域，属于科普片区，是城市绿心森林公园活力环范畴。占地面积约 35.1hm^2。根据绿心防涝要求，该区域需要承载城市绿心森林公园东北片区蓄涝功能的需求。

设计强调与城市绿心整体风貌的融合，将蓄涝功能融入城市森林之中，突出“水上森林，碧林涵虚”的特色。适地适树选取湿生植物，结合自然的山形水系形成科普、游憩、健身于一体的森林水窗，实现生态林地、蓄涝功能、文化科普与景观功能的协同设计。

碧林涵虚平面

本节点主要从解决蓄涝功能建设、营造森林风貌以及呼应大园区文化科普内容三个层面对本地块进行设计：①满足蓄涝功能的同时，融入城市绿心森林公园整体地形走势，营造内外一体、地形地脉相连的山形水系骨架空间。②在整体山形水系的基础上，统筹森林风貌，强调湿生景观林的植物特色。蓄涝区内，选用适宜北京生长的水生植物（荷花、菖蒲等）、湿生植物（红蓼、千屈菜等）及耐短暂水湿、浸泡的植物（柳树、杨树、杜梨等），通过多个群落模式相结合，营造出一个近自然的湿生景观林。③突出林水特色，形成集科普、游憩、健身休闲于一体的林中水窗，打造城市绿心特色森林类型和活动内容：植物结合水面，相映成趣，形成富有特色的乡土植物及科普展示；同时为鸟、鱼、虫类等提供多种生境模式；最终通过森林环形健身步道将各个森林水窗进行串联。市民可以在这片绿波中体验到“碧林涵虚，水天一色”的自然之美。

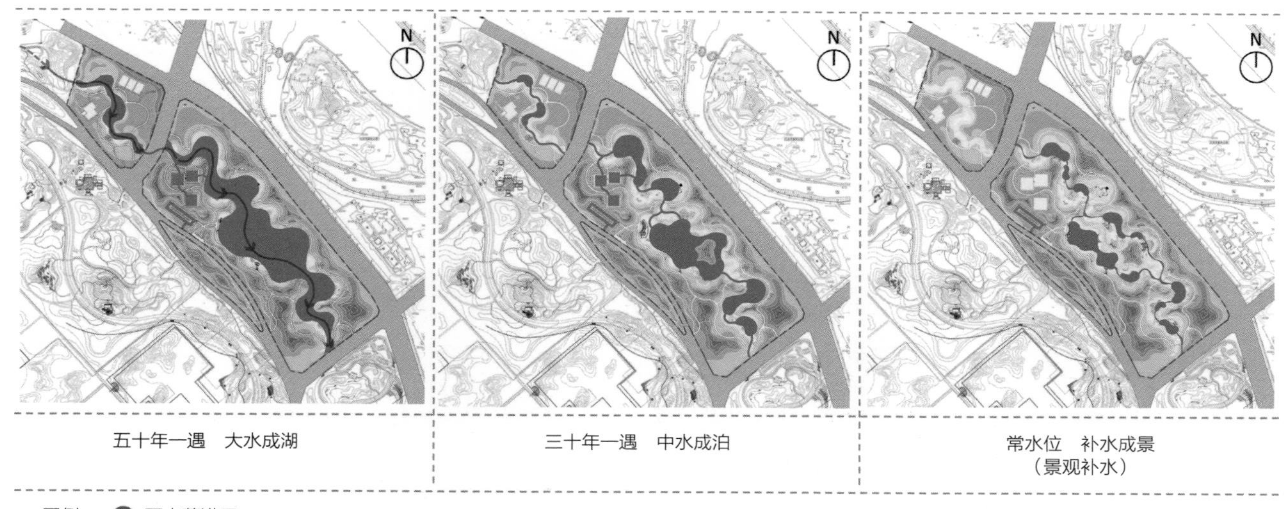

雨水蓄涝分布

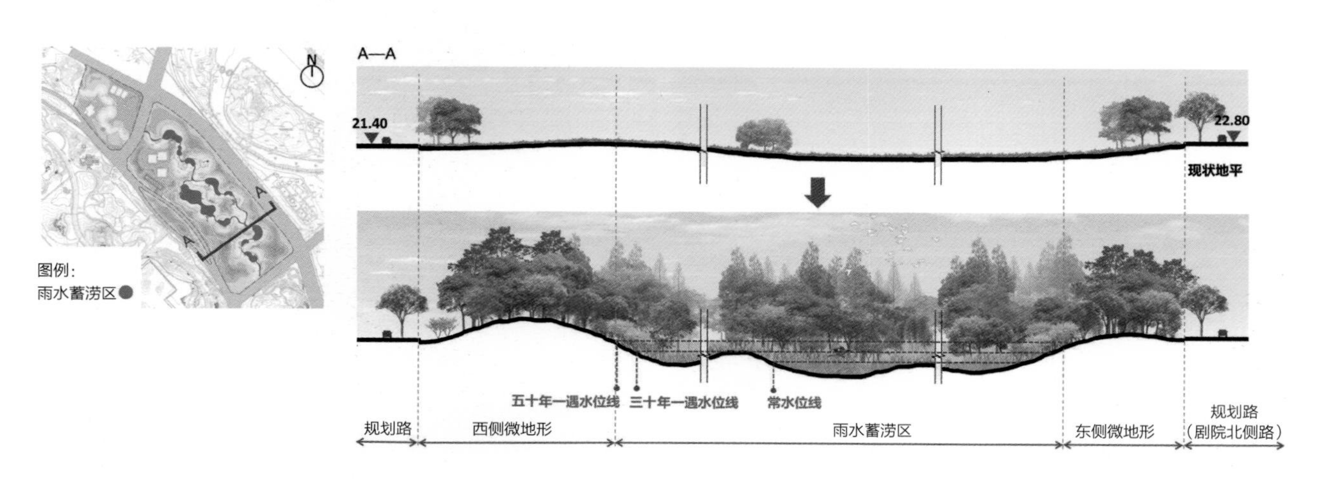

竖向剖面

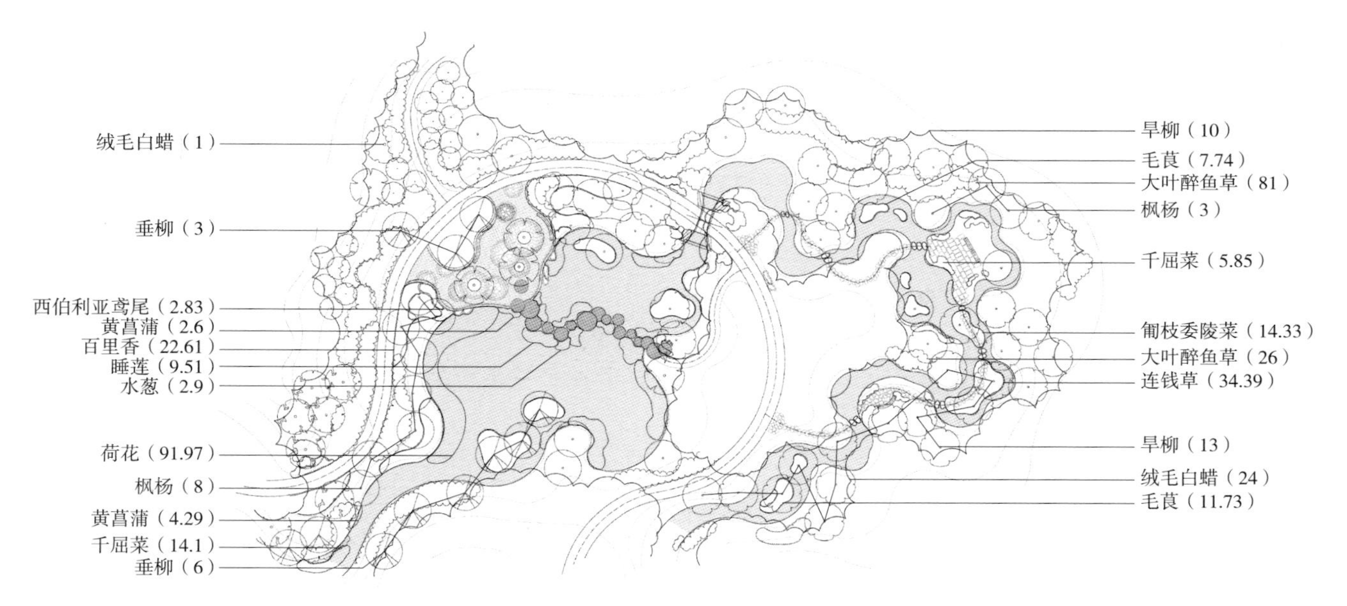

碧林涵虚“戏莲”节点湿生植物分布

以莲叶为主题的“戏莲”场地（丰水期实景）

科普小品

以莲叶为主题的“戏莲”场地（枯水期实景）

林中小径

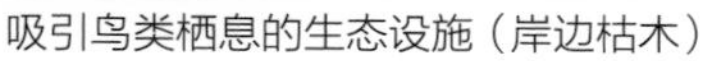

吸引鸟类栖息的生态设施（岸边枯木）

兼顾座椅功能的科普设施

观鸟平台

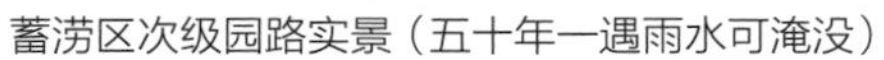

蓄涝区次级园路实景（五十年一遇雨水可淹没）

结合栏杆的科普平台

“水上森林，林中水窗”科普说明牌

可开展活动的亲水平台（枯水期实景）

人行拱桥

可开展活动的亲水平台（丰水期实景）

3.5.2 林海晨光

林海晨光景点结合森林文化与森林科普景观元素，功能定位为森林科普活动区，包括绿心主山制高点之上的景观构筑物叠翠轩与山脚下穿插于森林之中的4个森林文化主题科普节点：森林舞台、树木时钟、森林长老和森林回忆录。

城市绿心制高点位于园区东南，相对高程14m的主山之上点缀景观构筑物——叠翠轩，设计立意源于“欣赏层峦叠翠，坐拥绿色美景”，叠翠轩既作为绿心的标志性景观，供人登高远眺，同时承担着森林防火瞭望的功能。叠翠轩占地面积191m^2，形式为台基之上的一层敞轩，三开间前廊式布局，采用中国传统大木结构，为“大式小做”，四周设置汉白玉栏杆，与主山环境融为一体。轩，《园冶》中说“类车”“取轩轩欲举之意，宜置高敞，以助胜则称。”置于高处的叠翠轩，其本身的高度和艺术性为城市绿心的园林布局的点睛之笔，是森林中的景观，也是中式登高文化的体现。叠翠轩制高点周边有国槐、五角枫、元宝枫、油松等大树掩映，形成“绿云深处一古轩”的意境。从叠翠轩向远处眺望，能看到绿心层层叠叠，森林沐浴于晨光之中，向近处看隐隐约约能看见藏于林中的4个森林科普节点：

（1）森林舞台

森林舞台为按照裸子植物、观花被子植物、观叶和观干被子植物、观果被子植物区分的4个舞台，

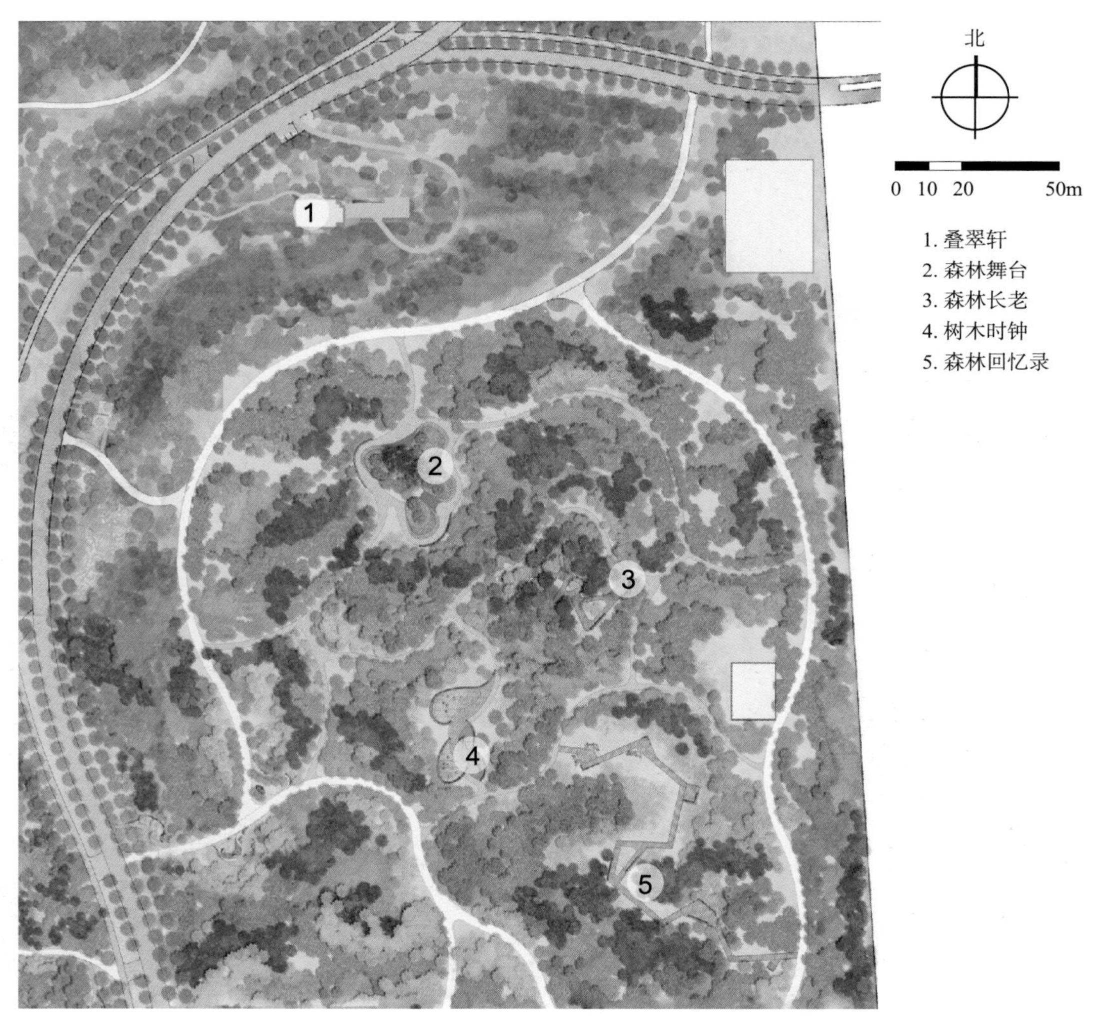

林海晨光平面

按照植物分类方法进行科普介绍，并设置对特色树种的观察器，不同高度的成像视口满足不同身高游客的观看需求。

（2）树木时钟

以树干为主要元素，用各类树干填充的景墙围合出活动空间，乔木树干作为铺装、座凳、儿童游戏设施。游人玩耍的同时可以体会树木与时间的关系，科普学习年轮与树木年龄的测定、年轮与气候的关系等。

（3）森林长老

森林长老为一组抬高的钢结构栈道，设置不同高度的平台能让游人近距离接触到树叶和树干，从而展开对森林的探索。栈道围绕具有森林活化石之称的银杏，周围结合槐树、侧柏、云杉等植物，搭配出穿行于异龄林中的立体空间体验。

（4）森林回忆录

利用一条折线的木栈道贯穿展示森林形成的 4 个时期：森林形成的初期阶段为裸露岩石与草地，种植蕨类植物；随后灌木伴生多年生草本植物出现；耐寒耐旱的针叶林先于阔叶林出现；速生的阔叶林逐渐抢占了蔓生针叶林的生存空间，形成稳定的针叶阔叶混交森林。

森林舞台实景

树木时钟实景

森林长老实景

森林回忆录实景

森林舞台实景

树木时钟实景

3.5.3 生命年轮

生命年轮景观节点临近生态保育区，在星形主园路内侧。这是一个以森林科普为主题的景观节点，设计以六棱形蜂巢结构为展示区域的核心骨架，以此发散的三个区域内展示自然森林的三种典型植物林相：近自然异龄林、近自然混交林、近自然复层林。近自然异龄林是由不同规格的元宝枫构成的纯林结构；近自然混交林选用了云杉、油松、栾树、臭椿、刺槐、楸树、色木槭、山杏、山楂、黄栌等品种，以近自然的配植方式进行栽植；近自然复层林则是在混交林的基础上，增加锦带花、多花胡枝子等中下层灌木，形成复层的林相结构。根据林相所处的不同区域和方向，将广场划分为与之对应的三个部分，将不同规格的木桩组合，界定与之对应的三种不同的林相空间。同时在每个区域放置林相科普牌，并在木桩顶部增刻植物图案标识，以便游客更清晰地了解不同林相的森林空间特点，将科普功能和木桩景观巧妙结合，寓教于乐。在林相边缘设计了高架栈桥，人们可以俯瞰整个森林的林相层次，用形象而生动的方式表达整个森林的演替，生长于其中的每一棵树木，都会像树木的年轮一样，留下时间的足迹。

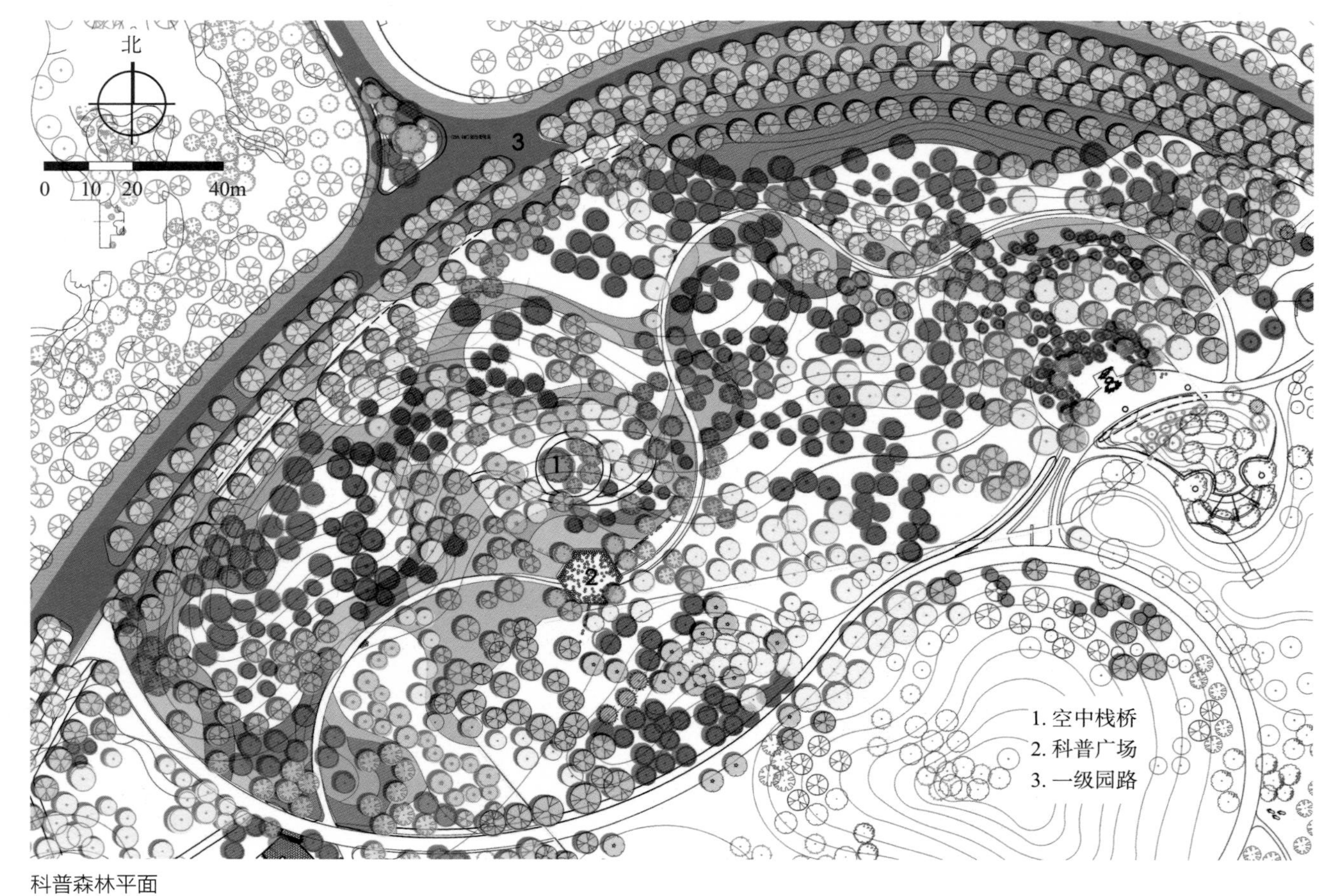

科普森林平面

科普森林实景

科普森林实景

3.5.4 千年惠林

千年惠林景点是2019年首都义务植树活动所在地，紧邻星形主园路，总占地面积14680m^2。“千年”响应千年城市的愿景并与绿心北侧的“千年城市守望林”遥相呼应，表达对城市副中心建成千年城市的美好祝愿。“惠”本意为仁爱与赠予，表达园林惠民的美好寓意，呼应绿心服务人民、保护生态的发展定位。

春季是植树的最佳季节，植树区以春季植物景观为特色，品种选择上以红花碧桃和玉兰为主，围绕各个植树组团进行自然式的穿插，形成大片的春花森林景观。背景林以油松、白皮松等常绿树为主，对植树区进行围合，可以更好地衬托出春季花林的景观效果。在植树广场周边设计了多处花境，与植树纪

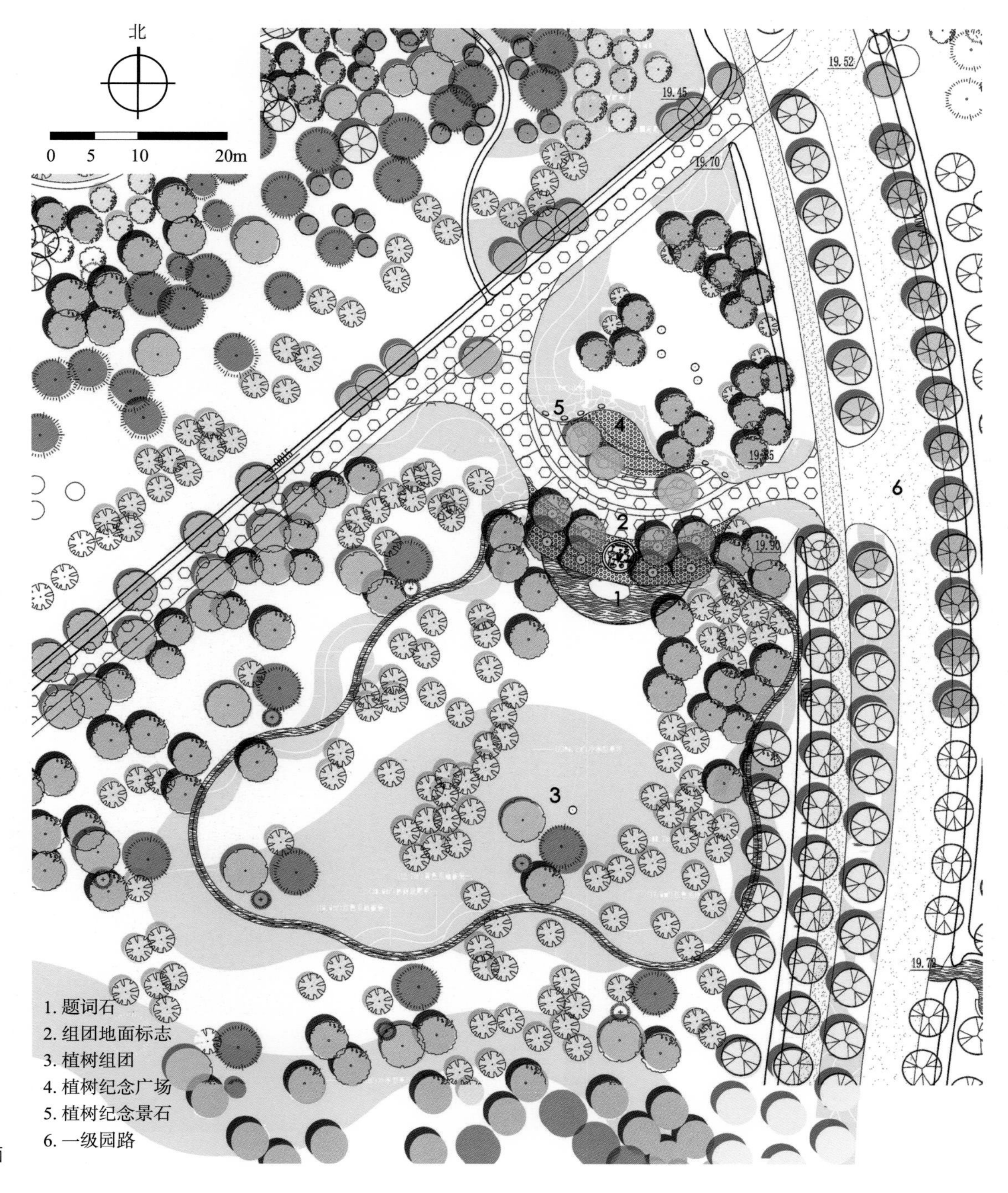

千年惠林平面

念景石相结合，打造生机盎然的植物景观。园区小路两侧设计了以观赏草为主的花带，搭配北京市花月季、地被菊等植物，丰富植树区的观赏效果。场地结合保留现状杨树区域设计了植树活动纪念广场，广场上放置长约 7m 的大型纪念景石与领导植树组团形成对景，纪念景石材质为青白石，在纪念景石上刻有 2019 年植树活动时习近平总书记的重要讲话精神内容：要发扬中华民族爱树植树护树好传统，全国动员、全民动手、全社会共同参与，深入推进大规模国土绿化行动，推动国土绿化不断取得实实在在的成效。植树纪念广场上栽有 8 棵树形优美的黄玉兰，在每年的植树季到来之际，玉兰盛开之时，这里就成了最美的植树纪念广场。在纪念广场的地面上还通过地面铺装图案的方式展示了植树活动时，习近平总书记栽植的 7 棵植物的图案和位置。2019 年 4 月 8 日植树活动当天，习近平总书记手植了 7 棵植物：1 棵油松、1 棵国槐、1 棵碧桃、1 棵紫玉兰、1 棵侧柏、2 棵红瑞木。为加强植树活动纪念广场的科普教育意义，在广场北侧还放置了 7 块小型纪念景石，将 2013~2018 年以及 2020 年历年植树活动的经典语录记录在纪念石上面，让人们在游览景点时，深刻体会到国家对于生态文明建设的重视，以及加强生态文明建设的重要意义。千年惠林景点对于“绿水青山就是金山银山”的生态文明理念起到了很好的传播作用，已成为城市绿心宣传生态文明理念的重要特色景点。

千年惠林

千年惠林－景石

3.5.5 森林之窗

北门区森林之窗景点紧邻惠林路，位于公园的冬季景观区，是城市绿心森林公园对外展示的形象窗口。景观设计以“冬季山林”为主题，通过变化丰富的微丘地形结合入口区游线引导打造出入园空间的开合旷奥之妙。在植物景观设计上采用最能体现森林特色的林相——近自然复层林的模式来打造。植物品种选用冬季常绿高大景观植物油松、白皮松形成空间骨架，点缀元宝枫、国槐、白蜡、榆树等特选大乔木形成连续高大的林冠线，成为入口森林感的背景。入口处公园LOGO展示区结合酷似“冬山”的雪浪石与造型油松组合营造“松迎客”的松石画境迎宾空间。在近人尺度的小乔地被层面，选择有山林植物特色的山杏为主景树，点缀玉兰、紫叶李、紫丁香等品种，配以四季花境以及大面积的观赏草如小兔子狼尾草等，形成富有野趣、层次丰富的植物空间。

北门区注重食源、蜜源植物的搭配应用也是一大特色，君迁子、香花槐、山杏、紫叶李、榆树、油松、白皮松、元宝枫等植物的种植都是为了考虑小动物的食物来源以及栖息地的构建，门区中心绿岛上姿态各异的小松鼠雕塑也充分展现了冬季森林的生机和活力。

北门区百米森林景观画卷沿惠林路徐徐展开，顺着入口蜿蜒进入园区，道路两边丰富的植物层次与步移景异的空间变化，让人感觉仿佛直接投入了森林的怀抱之中，营造出了极富特色的森林公园入口景观效果。

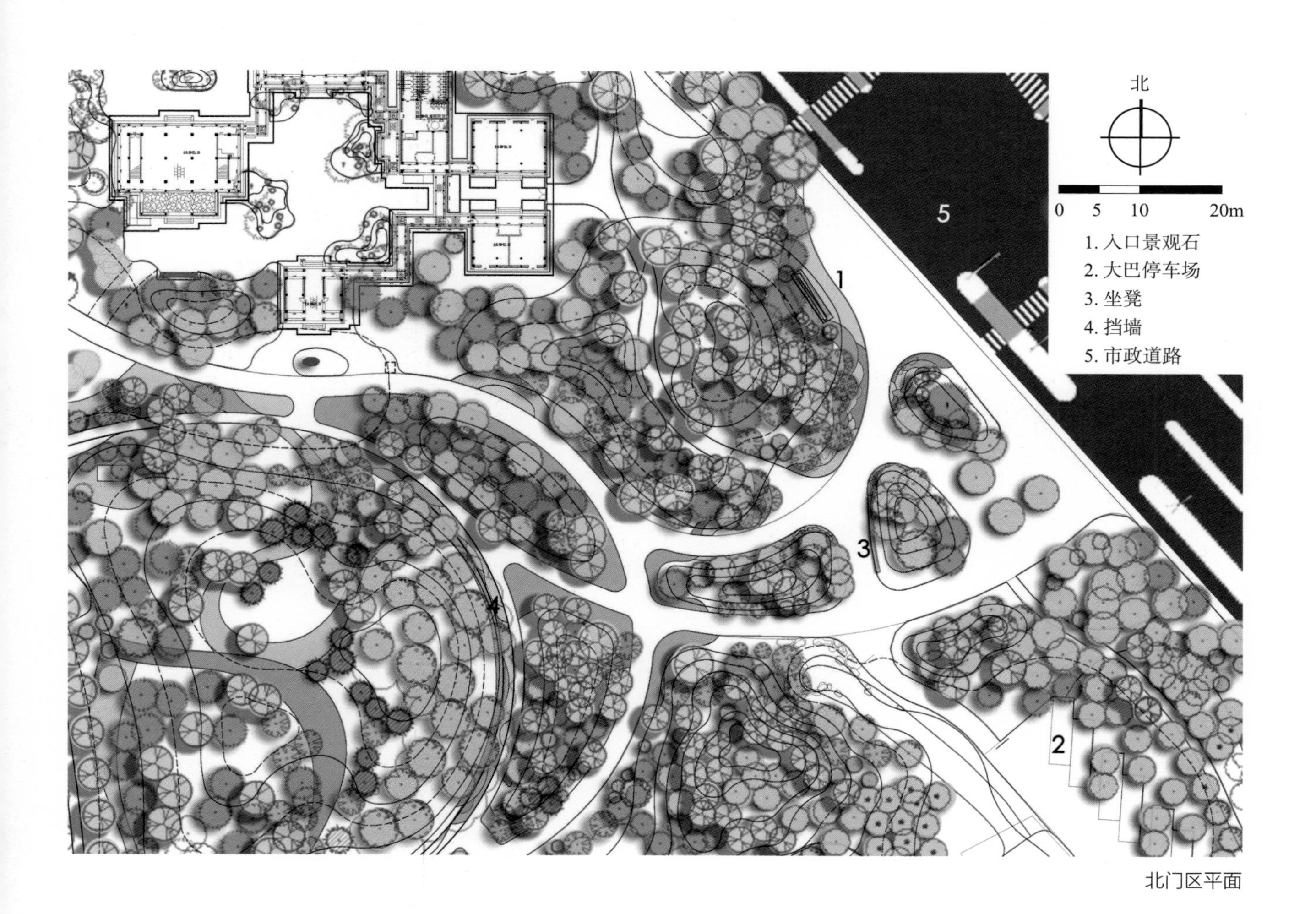

北门区平面

森林之窗入口

森林之窗实景

3.5.6 时光记忆——废旧仓库改造为儿童活动场

这处由废旧仓库改造而成的儿童活动场位于绿心科普区，七地块北区北侧，掩映在一片绿林中，体现了景观功能与城市森林的结合，是孩子们穿林寻宝的好去处。总占地面积约 4000m²。

这里原址是雪莲针织厂仓库房。建筑拆迁遗留下三面残破的围墙，充满年代感的墙壁很容易让人的思绪回到孩童年代，于是便萌生出改造成儿童活动场地的设计想法，让家长们重拾孩童记忆，让孩子在旧物新造中了解父母年代的历史故事并重获童年乐趣，让时光记忆在游憩中传承，并且从另一个角度宣传生态文明建设。

原遗址的三面墙壁正好形成环抱式格局，2.8m 的墙体提供了天然高差，儿童游憩设施依墙而建，墙体与儿童设施融合在一起，形成天然的扶手和围栏，孩子们抚摸充满历史痕迹的墙壁登台阶上上下下，趣味融融。在建设过程中，考虑到安全隐患，将旧墙翻新，做了结构加固处理。

墙体外立面展示场地内原状照片，并设计了一组屋顶造型的廊架，意再现旧址风貌，场地上设计了几组树池围椅，都采用了石笼加木质的方式，石笼中填充了拆迁遗留的碎砖块，人们驻足停留在此，勾起他们旧时的回忆。

种植中保留了现状的大杨树、银杏和元宝枫，重点设计了林下空间，栽植了色彩丰富的宿根花卉，如玉簪、马蔺以及观赏草等来营造出郊野的氛围感。

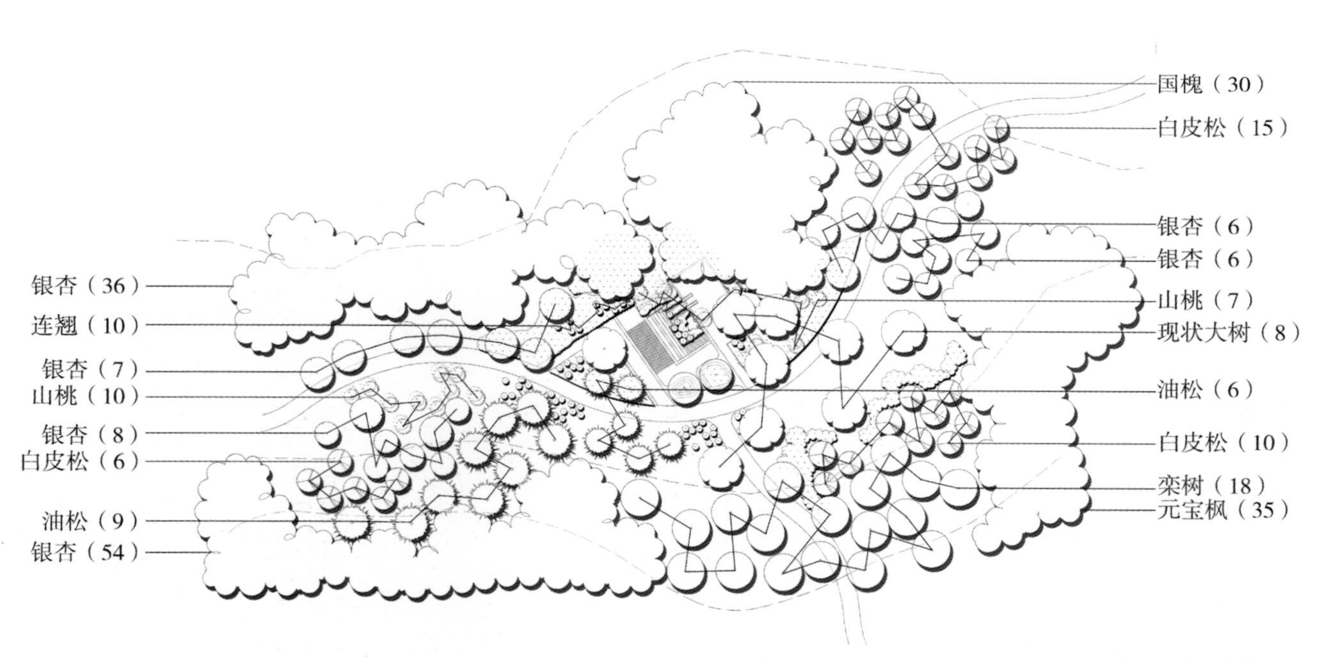

儿童活动区种植设计

废旧仓库改造儿童活动场地改造前现状

废旧仓库改造儿童活动场地改造后效果

废旧仓库改造儿童活动场地实景

3.5.7 时光记忆——自生植物区

自生植物区位于绿心科普区的时光记忆景点，占地约 8000m^2，是原村庄遗址。

在早期勘探现场过程中发现，现场建筑基础保留完好，并遗留了大量的拆迁废弃物，场地内有多株直径 30cm 以上的大树，品种有桑树、杨树、国槐，场地内地被生长茂密，几乎无黄土裸露，设计中充分考虑场地特性，因地制宜，顺势而为。

自生植物区按照场地肌理围合出多处独立的小空间，现场遗留的旧红砖砌筑 2.2m 的景墙，形成两处约 200m^2 的独立半封闭空间，石笼填充旧砖瓦围合开放式空间，这些都主要用来展示植物对拆迁地的自然恢复进程，具体做法是将建筑的碎砖块堆置起来栽植小灌木和播籽先锋植物，人们可以通过墙体镂空的花窗和横穿整个花园的高架栈桥观察自然对环境的修复进程。不同的空间中连通设计了小动物通道，是生态文明建设的另一种表达。

墙体的分隔及高差的变化处理让空间变得丰富且多元，红墙、瓦片等乡土材料的运用与场地自然契合。

原场地内的大树作为观赏树保留利用，场外移入构树、洋槐、白蜡、国槐，新栽植柿树、银杏、白皮、山杏、山楂等乡土乔木，灌木主要栽植胡枝子、金叶连翘、糯米条等节水抗逆性强的品种，并以观赏草作为主要地被品种共同营造自然原生态的氛围。

自生植物区旧建筑在新植物的攀爬覆盖之下，慢镜头般地上演着时光在四季流转中成就生命，同时也使一切生命与物质纳入轮回的神奇一幕。

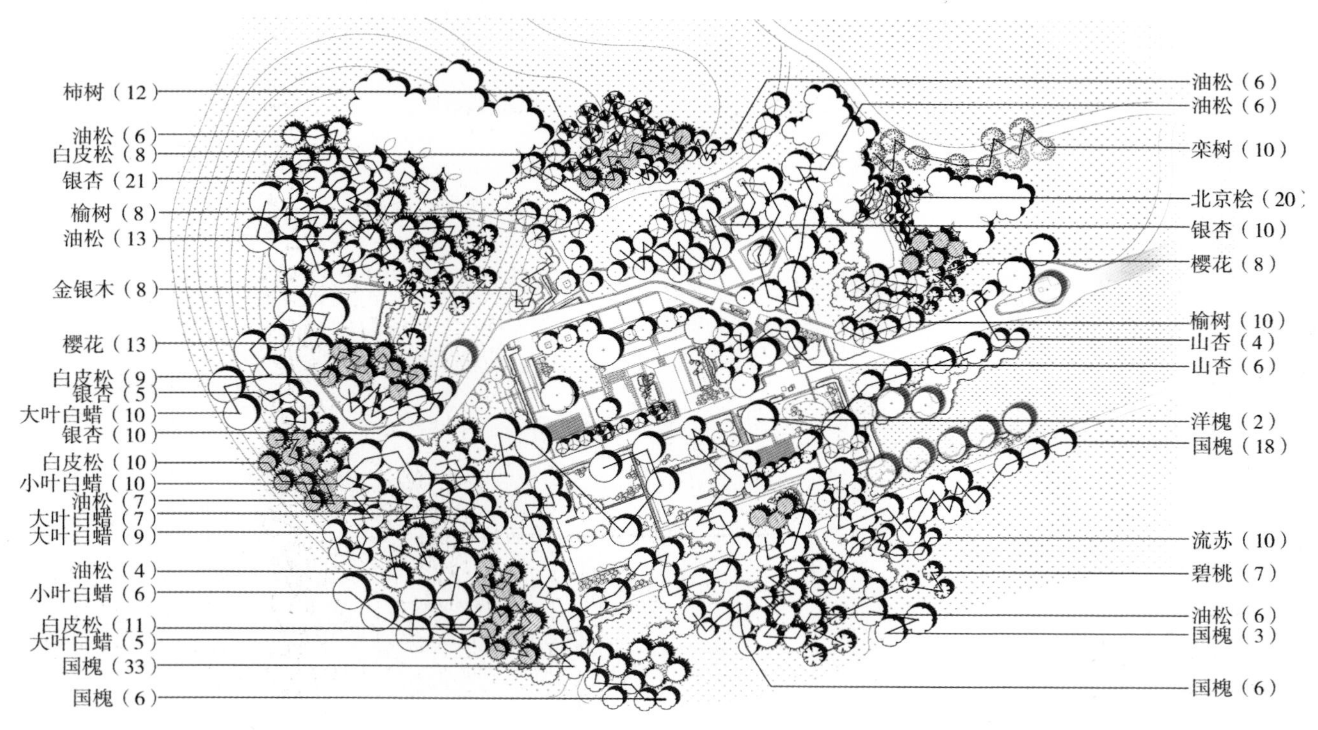

时光记忆：自生植物区种植设计

时光记忆：自生植物区平面

时光记忆：自生植物区栈桥实景

时光记忆：利用拆迁线杆改造花架实景

时光记忆：保留现状通村路及现状大树

时光记忆：自生植物区实景

3.6 雨洪区

城市绿心森林公园为保证区域内雨水自排，共形成了东西两大排水通道。城市绿心森林公园东南角，是公园东侧汇水分区最下游，承载着整个绿心雨洪储蓄、错峰排放的重要功能。雨洪区是城市绿心森林公园五大功能组团之一，地处城市绿心森林公园东侧排水分区的下游，承载着排涝通道、雨洪蓄滞及错峰排放的重要功能。在该地块的设计建造过程中，我们秉承海绵城市的核心理念，与传统山水园林建设相融合，在有效控制雨水的同时打造了优美的园林景观。

本着尊重现状地形走势、就近消纳拆迁村庄建筑渣土的原则，北侧堆山、南侧挖湖的山水结构为最经济节约、因地制宜的山形水系布局模式。在山形营造中，利用建筑渣土和挖湖土方，以西北侧主山为

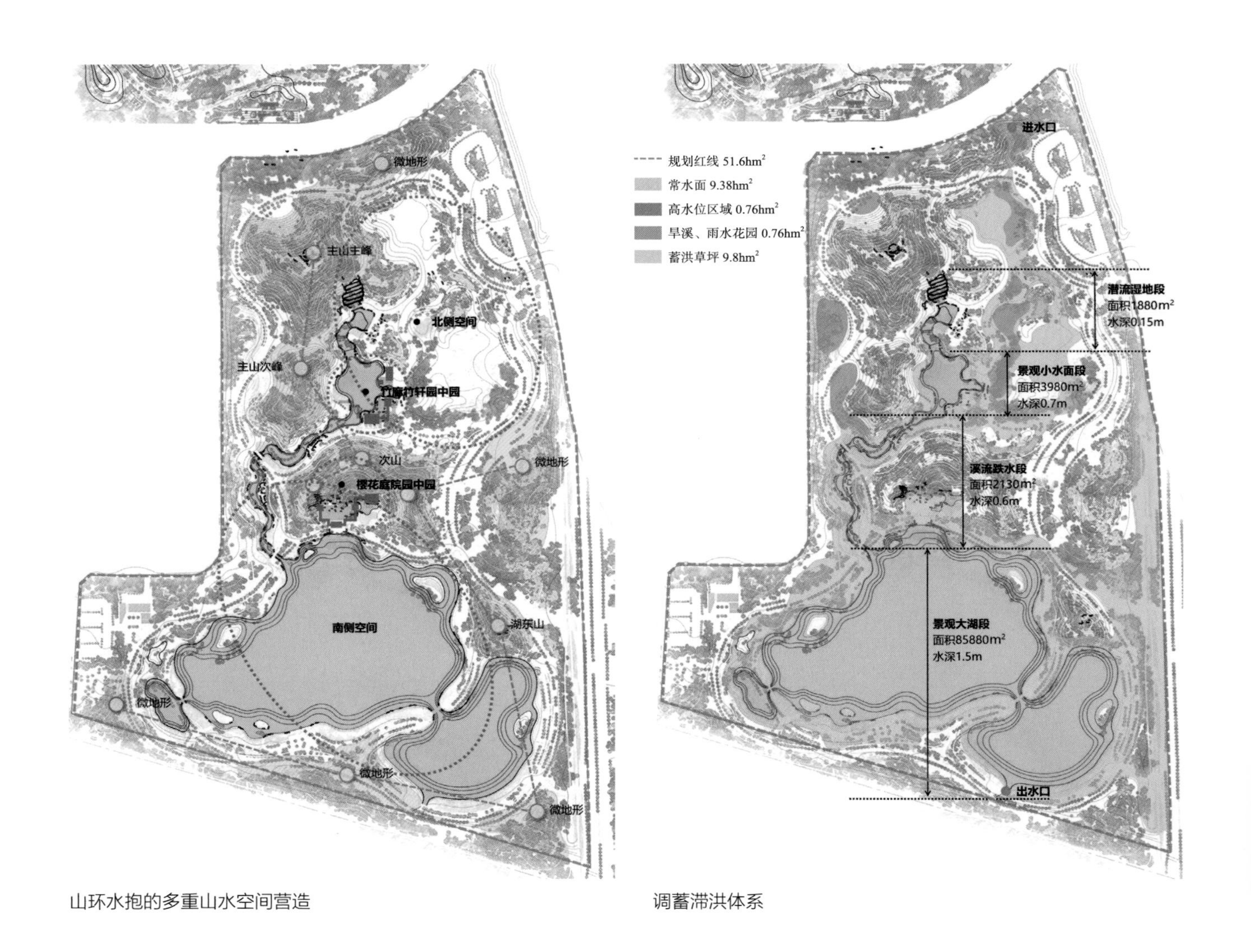

山环水抱的多重山水空间营造　　　　调蓄滞洪体系

最高点，场地中部为次高点，营造连绵不断的山形脉络。主湖区面积约 8hm^2，设置在园区最南端，其余景观水系呈蜿蜒曲折状，与山形充分融合。园区内部以主山山形脉络为骨架，结合多个微地形景观，形成多重山水空间。多层次的山水空间营造形成了不同类型的景观空间，打造了无限的空间层次，同时为雨水就近收集提供了条件。

山形营造为园区打造了层次丰富的景观骨架，而水系营造则是园区最重要的核心体系，是园区海绵理念的集中体现。园区不仅形成了南侧景观大湖，还包括了溪流跌水、下凹绿地、潜流湿地、雨水边沟、蓄洪景观草坪等多个海绵设施，构建了调蓄滞洪体系、雨水收集体系、水质净化体系，实现了上位规划海绵指标。

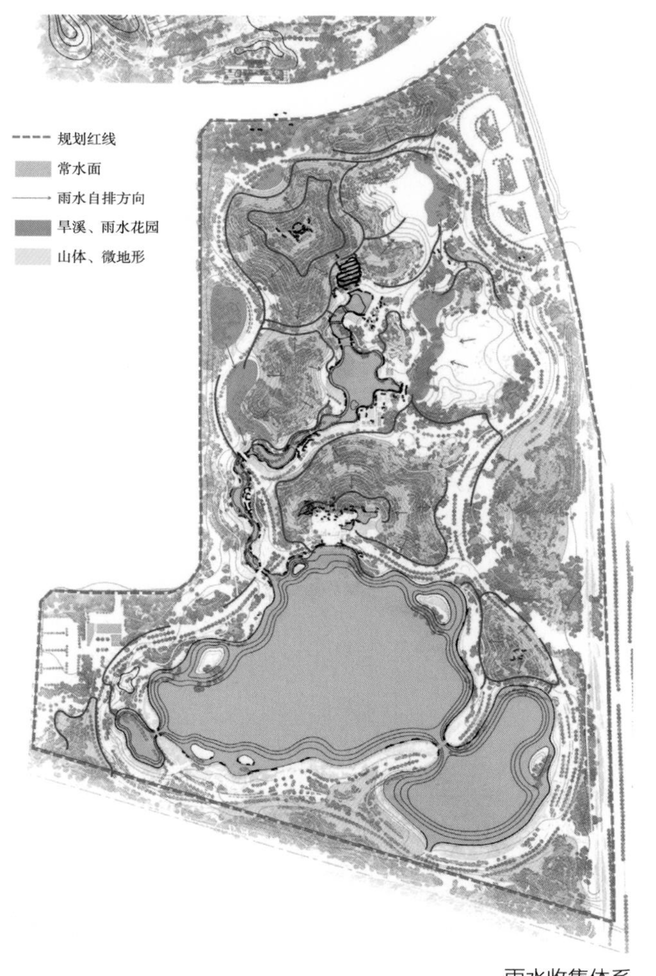

雨水收集体系

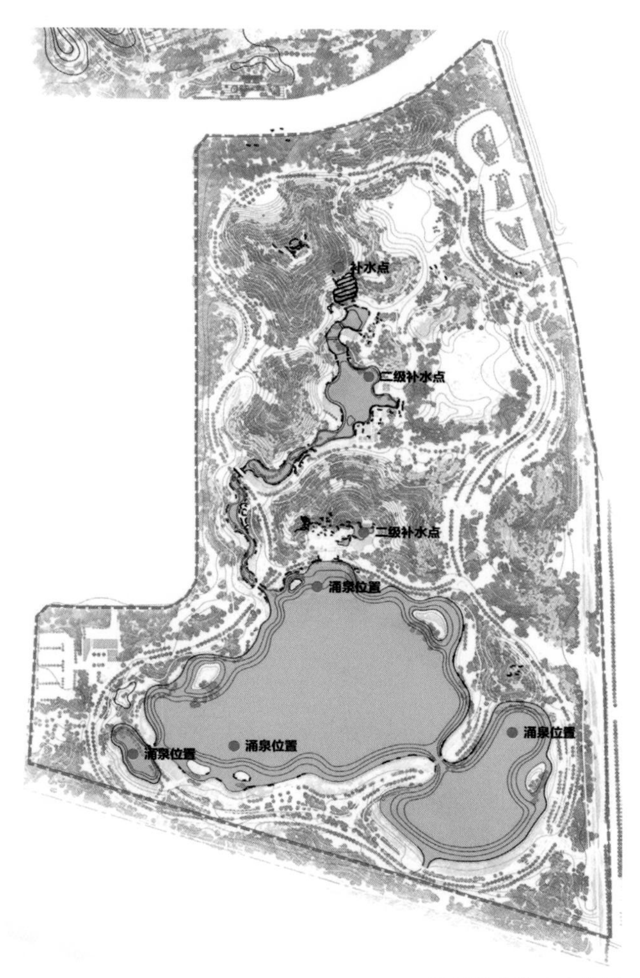

园区跌水补水点位置

3.6.1 樱花庭院

樱花庭院坐落于绿心项目雨洪区。雨洪区以蓄涝景观湖为代表景点，樱花庭院是蓄涝景观湖区重要的视觉焦点，是绿心东南门区域内的核心建筑和游客休憩之所。

樱花庭院占地 5000m^2，樱花庭院以中国传统建筑及有体量感的樱花为主体的樱花山相环绕。建筑为仿明清小式做法古建筑风格，仿照北方皇家园林建筑布局，占地面积 501.84m^2，由正面敞轩、西侧四角亭和东侧茶室组成，几座单体建筑以垂花门与游廊相连接。除茶室采用了钢筋混凝土仿古结构外，樱花庭院其余部分均为纯木结构，大木立架、油漆彩画等均严格遵循古法。樱花庭院北侧为樱花小山（相对高程 6m），南侧为开阔的湖面（水面面积 8hm^2），其设计采用了中国古典园林中“对景”的手法。借鉴风景园林“旷与奥”的旷奥理论与美学表达，在庭院的主建筑敞轩上悬挂了“旷如轩”“眠花奥”两块牌匾点题。

樱花庭院是以南斜面的筑山为背景，具有敞亮开放的空间感。从空间构成以及植物的配置上，最大限度地利用开阔和闭合的空间形成丰富的景观。种植设计以樱花为主体，在适当的位置种植景观树或可称为绿色区域的灌木地被植物。同时，还种植了各类特色植物，营造春可赏樱、夏可避暑、秋观色叶、冬戏寒冰的特色景观。巧妙的空间组合以及较好地利用枝叶或者花的景观特征，形成中景和远景，富有韵律美和整体美。樱花庭院及雨洪区现已完成乔木栽植万余株，8 个品种 600 多株樱花，搭配油松、旱柳、银杏、元宝枫等植物，围绕庭院错落栽种。庭院南侧湖面栽植上万平方米水生植物，打造“水下森林”。游人站在庭院中，北可望樱花小山和重檐四角亭，南可见 8hm^2 的广阔湖面和桥亭，是一处春可赏樱、夏可纳凉、竹炉烹茶、品景会友的最好处所。

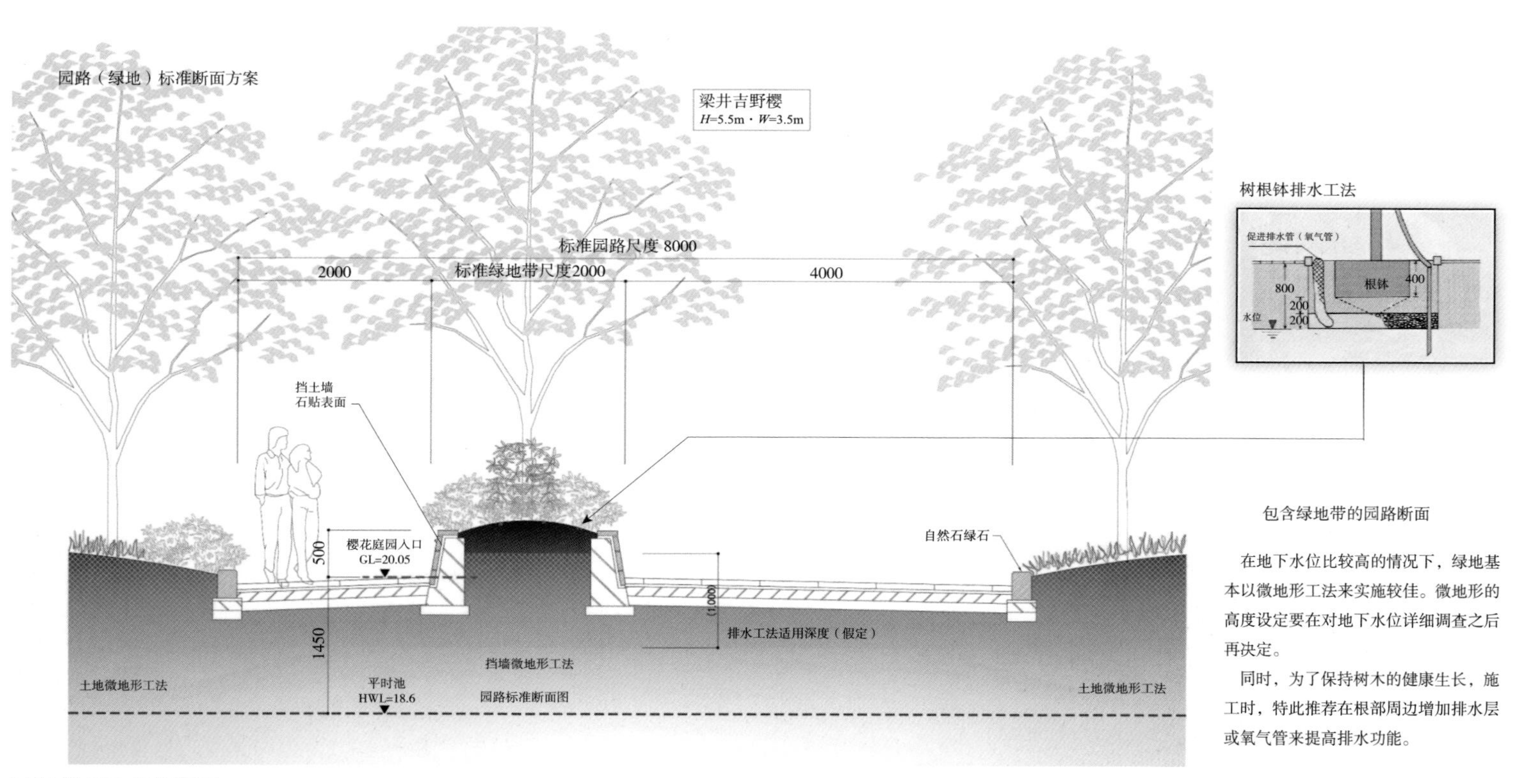

园路（绿地）标准断面

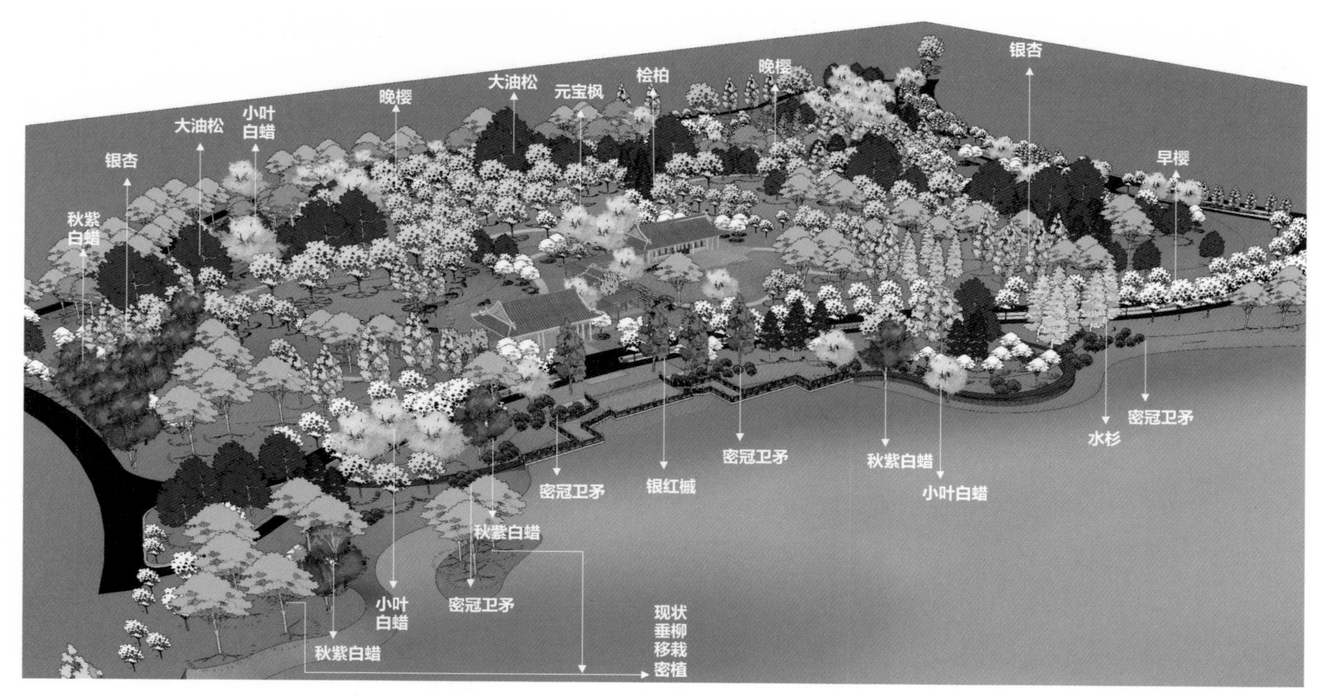

植物种植模型示意

樱花庭院鸟瞰

3.6.2 竹轩竹亭

竹轩竹亭景观位于七地块（南）主山次峰东侧，是围绕景观水面设计的一组仿古庭院。景观水面最北端起始于主山南侧，经多层自然山石跌落，最终向南汇入景观大湖。水面东西向宽 50m，南北向长 65m。驳岸形式为蜿蜒曲折的草坡入水形式，部分段落以自然山石点缀。水面西侧主山次峰高 5.5m，与东侧竹廊竹亭、南侧竹轩共同围合了一个静谧的“园中园”空间。水面北侧设计一组木拱桥，与竹建筑形成对景之势。游客站在竹轩庭院中，向北可观主山之姿，北岸木拱桥于视线上增加了景观层次。竹轩、竹廊、竹亭的外立面材质以木、竹、瓦等自然材料为主，风格自然古朴。场地周边种植早园竹形成背景。挺拔的早园竹与竹建筑外立面形成“真竹假竹”之势，相映成趣。景观水面上设计造型简洁的竹栈道，水面种植睡莲、荷花等浮水植物，岸边种植芦苇、水葱、千屈菜等水生湿生植物。古朴的建筑形式、尺度适宜的景观水面、幽静的竹林景观、丰富的水生植物等共同营造了一处幽静自然的休憩空间。

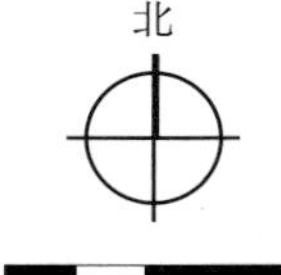

1. 竹轩
2. 竹廊
3. 竹亭
4. 竹栈道
5. 竹庭院
6. 集雨型湖面
7. 竹林
8. 木拱桥

竹轩竹亭平面

竹轩竹亭实景

竹轩竹亭实景

3.6.3 潜流湿地

潜流湿地景点位于七地块（南）主山南侧，场地水系最北端，结合园区中水补给点设计，是一个以水质净化、海绵科普为功能的景观节点。该景点充分利用地形高差，从主山南侧半山腰起始，全段高差4.5m，分两段设计：北段利用3m高差，设计六层过滤池，每个过滤池约5m宽；南段地势较缓，分三层过滤池，过滤池宽约15m。相邻过滤池高差0.5m，以自然山石堆砌，形成外观为山石跌水，实则为上行潜流湿地的景观节点。潜流湿地创造性采用硅砂蜂巢模块填充，该材料具有水质净化率高、布水均匀、不易堵塞的优点，另外填料中的透气防渗沙能增加水中溶氧量，保证水生植物根系生长。

在水位控制上，每层过滤池填料之上预留10cm水面，保证水生植物正常生长。植物品种选择以芦苇、水葱、花叶芦竹、菖蒲等具有一定净化功能的水生植物为主，在填料净化以外进一步优化水质，保证景观水体安全。潜流湿地的设计，不但丰富了景观层次，同时净化了补给中水，为游人打造了一处可观可赏的生态科普景点。

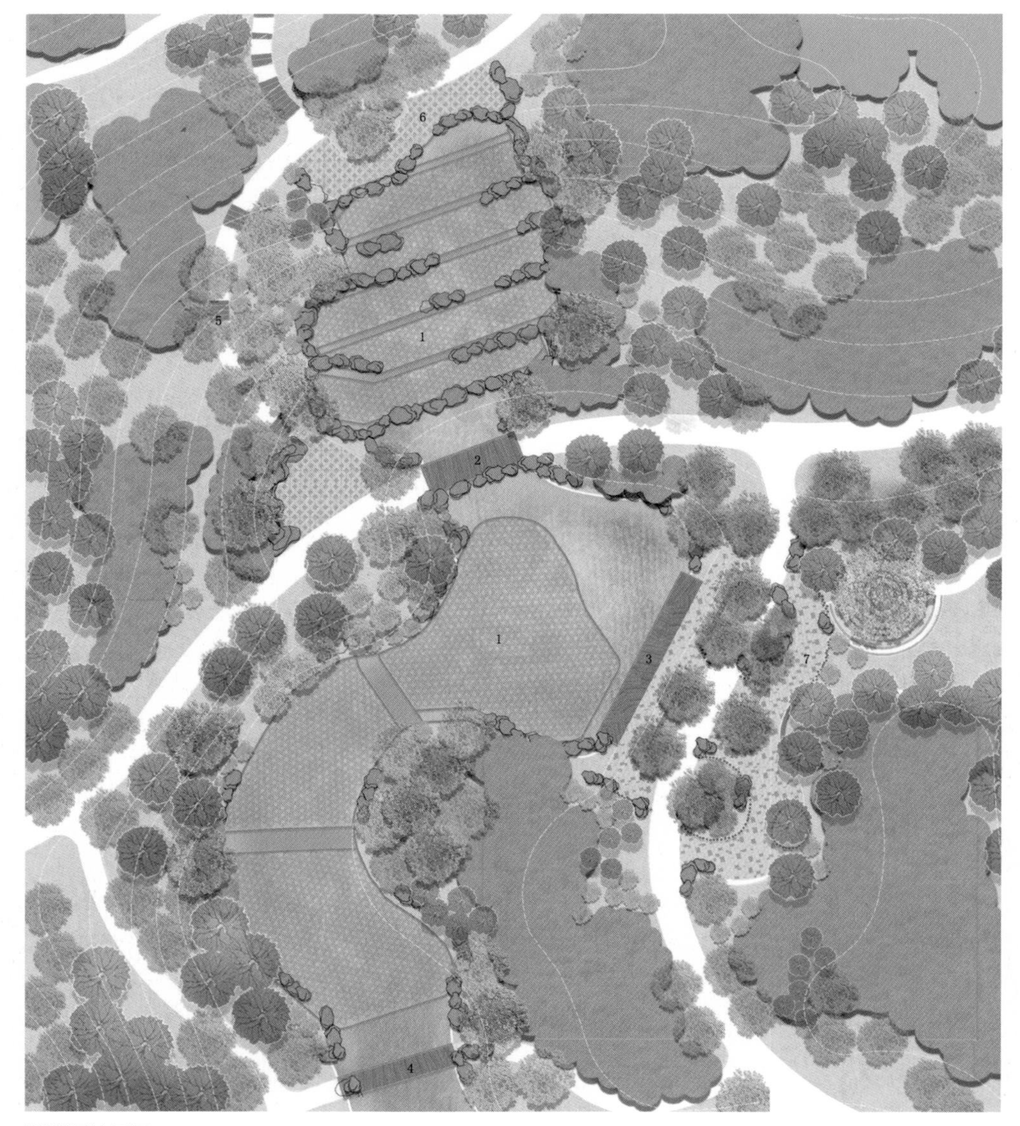

0 5 10 20m

1. 潜流湿地种植区
2. 木平桥
3. 休憩平台
4. 木拱桥
5. 登山步道
6. 观景平台
7. 休憩场地

潜流湿地平面

潜流湿地实景

3.6.4 东南入口及东南游客服务中心

东南入口及东南游客服务中心位于二十四节气环东南角，总建筑面积 1930m^2。

“院与园”建筑设计理念借鉴中国传统合院形式及古典园林形式，院园一体，将建筑空间与景观空间相互渗透。同时引入景墙、花窗、漏窗等古典园林元素，丰富建筑立面。建筑园林化，弱化建筑体量，退后边界形成绿墙，将建筑掩映在繁花绿树后。

东南游客服务中心对外具有休憩、茶座、厕所、问讯、小卖部、寄存、展览的功能，对内则具有管理办公、配套服务等功能。

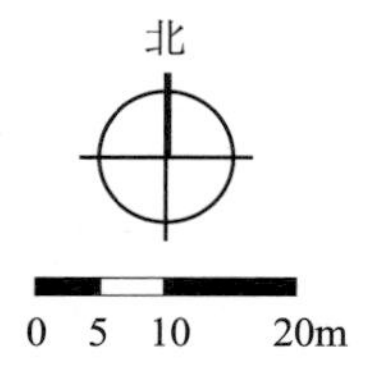

1. 入口广场
2. 入口景石
3. 游客服务中心合院
4. 游客服务中心
5. 园区主园路

东南门区平面

立面：简化。月洞门、景墙点缀。屋面层次丰富：硬山、歇山、勾连搭，高低错落

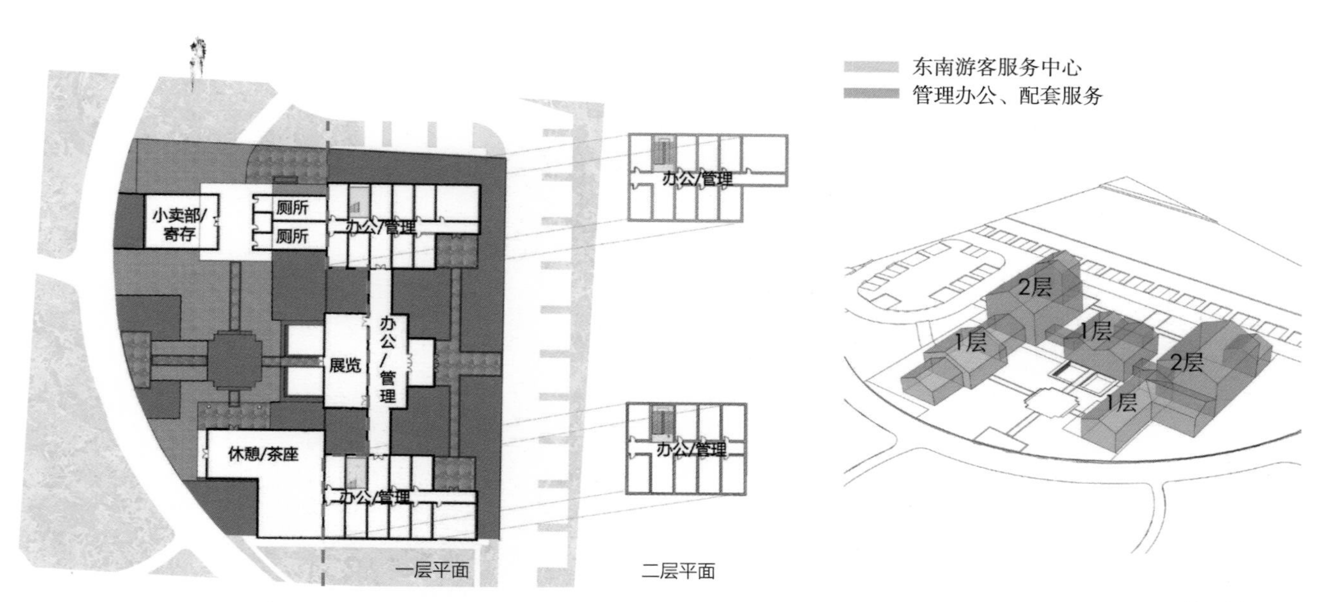

一层、二层建筑功能布局

东南游客服务中心实景

3.7 体育区

3.7.1 南门区（红砖广场）

南门区（红砖广场）紧邻规划绿心路，位于城市绿心南区体育服务中心（原东亚铝业厂区改造而成）东侧，占地面积约 10000m²。南门区重点突出夏季的季相特色，以“青夏槐荫”为设计主题，运用红砖、绿树、草坪等现代简洁的设计元素，与原东亚铝业厂区遗址风貌巧妙结合，旨在塑造园林景观与老工业厂区和谐共生的森林门区。

南门区整体空间舒朗，是大森林中的留白空间，像一幅徐徐展开的夏日长卷。门区主入口面宽 120m，集散广场 600m²，由一条国槐林荫路引导游人入园。空间布局上，突出自由灵动的特点，以开放的绿色空间组织园区疏散、建筑人流以及外部车流的交通关系，既可快速通行又可停留观赏。门区广场与南区体

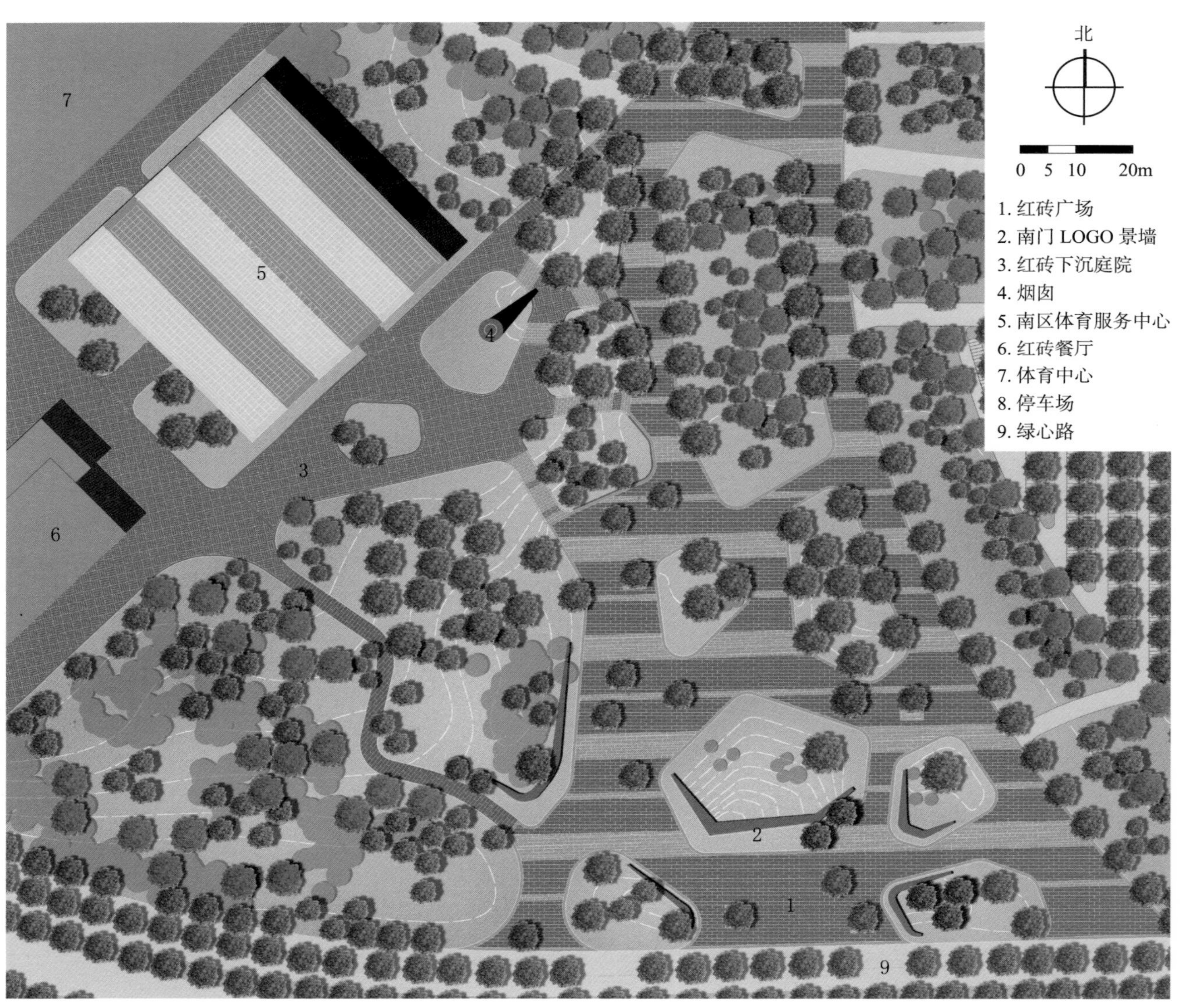

南门区（红砖广场）平面

育服务中心存在 2~3m 高差，通过台阶坡道、缓坡草坪自然过渡消纳高差，结合建筑室外活动场地和休憩功能把人气聚集在以建筑为核心的场地之间。

为延续老工业厂区的历史记忆，设计中深入挖掘场地文化特质，将代表 20 世纪七八十年代工业特色的红砖元素加以提炼，并参考老式的砌筑工艺和砌筑形式，应用于广场铺装、LOGO 景墙、花池挡墙等景观小品中，以景观再现的方式展现了通州辉煌的工业历史。LOGO 墙后用四五棵从周边拆迁村庄移植过来的老榆树、老白蜡、老椿树衬托，和保留建筑一起成为乡愁所在。

南门区处于二十四节气环的夏季时令片区，植物种植以北京乡土植物国槐、栾树为骨干树，配以白皮松、油松、金叶复叶槭、流苏、丁香、锦带花等四季观赏性植物，营造夏季绿荫如盖、槐影婆娑、大气疏朗的景观意境。同时，地被设计大量运用观赏草品种，在狼尾草、柳枝稷、拂子茅、细叶芒的映衬下，工业遗址景观的森林意味更加浓厚，建筑与自然更加和谐共融。

南门区入口景观

南门区（红砖广场）实景

3.7.2 体育服务中心的改造设计

（1）建筑改造的立意

体育服务中心的建筑设计改造遵循南门片区的整体风格，主题为“红砖记忆”，最大化尊重与保留老厂房记忆的同时，结合当代的建筑技术和语言给空间注入新活力，更好地服务绿心和市民。建筑面积 1953m^2，建筑高度 6.8m（檐口高度）；该体育活动中心主要功能以体育服务为特色，搭配游客接待、多功能展示空间、售卖茶座等。建筑园林化处理，弱化建筑体量，将建筑掩映在繁花绿树后。体育服务中心具备开放性，沿路三面皆可进入。

（2）功能布局

现状建筑较为方正，有三个柱垮，新的功能布局最大化地沿用现有结构布局，中间柱垮为一个完整的展览展示空间，东侧为开放型商业服务，西侧为游客服务和休憩区。考虑到有限空间的利用最大化，在设计中采用了极具创新的开启隔断，通过不同的开启方式，使空间布局可以根据不同的功能场景需求进行调整。

（3）设计特色

在体育中心的改造设计中，设计师挖掘场地材料和场地记忆，在大面积地保留现状红砖的基础上，通过采用有时代痕迹的材料老砖、老瓦以及铜色耐候钢板等色泽兼容为主要材料，营造出老厂房的历史记忆。

室内空间为开敞的大空间，其中主要展览展示空间作为室内的锚点，通过 20 组 4.75m 高的可旋转、可推拉钢制门，自由改动空间的边界和使用场景，同时创造出强烈的视觉冲击。在室内墙面的设计中，设计师通过老陶瓦片的叠加，创造出有时间感且和红砖呼应的空间效果。当光线在一天中不同时刻照进室内映射在老瓦片上时，营造出静谧与深邃的年代空间。

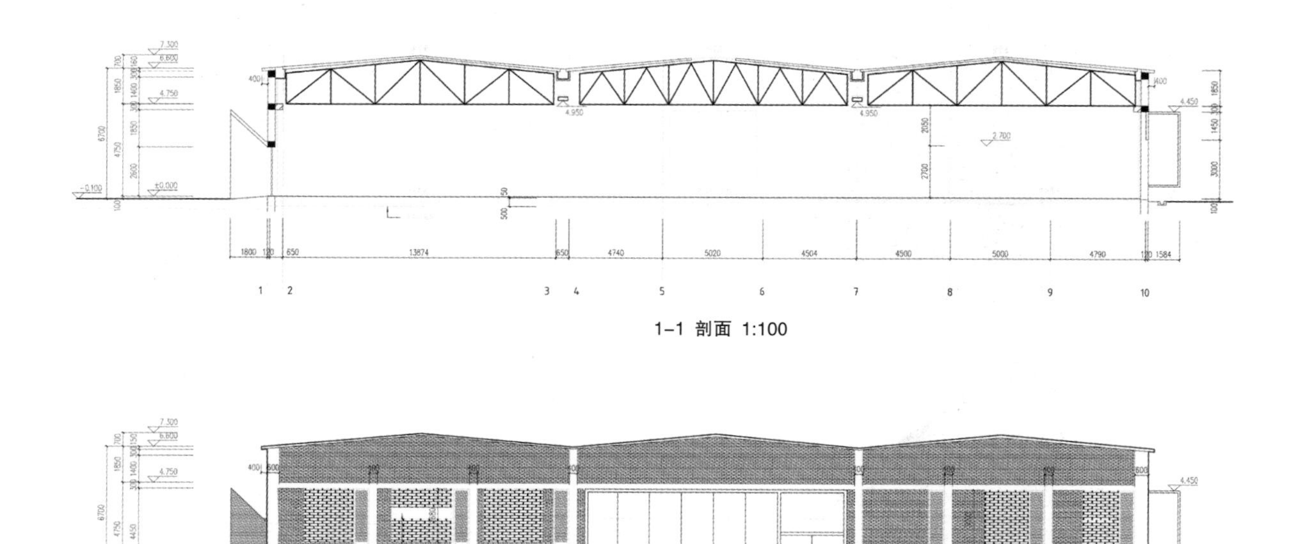

1–10 轴立面 1:100

体育服务中心剖面与轴立面

（4）建筑与景观环境的关系

建筑改造本着最大化保留现状外立面和体量的原则，消隐在绿心公园的景观之中，外立面的改造通过原砖修复，使用同色系的新砖通过花格样式的变化区分新与旧。用铜色锈板作为窗框和门框给老建筑注入新材料元素，增加新时代的表现力，使外立面的色彩更为自然协调地融入周边自然景观。

在开窗设计中，通过对周边景观的框景，每个朝向的开窗都进行了差异化处理。建筑主立面南立面，通过一个 15m 宽的耐候钢框，对景南门入口区广场景观，打破室内室外的物理边界，使游客们的室内空间体验延伸至室外的自然景观，加强建筑与景观环境的关系。

体育服务中心实景

3.7.3 全民健身场地

全民健身场地位于城市绿心南部体育功能片区，是以全民健身、体育运动为主题的森林活力林窗，场地内设有篮球场及足球场两大片区，占地面积约 15000m^2。篮球场片区与森林景观巧妙结合，布局灵活，绿荫舒适，共设有 3 个半场篮球场和 2 个标准篮球场，球场周边有供人们休憩的林荫场地和服务设施。足球场片区共有 1 个标准七人制足球场和 2 个标准五人制足球场，青翠的冷季型草可满足游人一年四季的活动需求，同时也能作为多功能草坪空间，为专业团队拓展活动提供户外场所。

全民健身场地实景

3.8 市民区

3.8.1 童趣森林

童趣森林占地面积约 10000m^2，是一处以儿童游戏活动为主要功能的景观节点。场地以森林童趣为主题，结合海洋、森林、沙丘等不同自然要素为故事线，形成城市绿心森林公园里最集中的开放性游乐体验区之一，童趣森林着力打造戏水谷、乐沙园、欢游园、雨水花园等多个趣味性景观节点，让儿童可以在森林公园中尽情畅游玩耍。

戏水谷：用整块的石材模拟自然中的石滩溪谷，端头处设置水的源头，水从高处顺势跌落，经过狭窄场地形成水渠，通过宽阔场地形成浅湾，以此模拟自然中水的旅程。整体场地以大章鱼的形态呈现，小朋友可以踏着章鱼的触角，利用固定式喷水枪相互喷水玩耍。场地以人工模拟自然片段、抽象化章鱼等手法设计场地，让小朋友可以近距离参与其中，加强感知，增强场地趣味性和主题性。

乐沙园：以“红、黄、蓝”三色，交织形成场地色调，缀以太阳、月亮和星星，形成奔跑园丘，丘下布置沙地，内设攀爬架、跷跷板和小木马，以沙地“微探险”为特色，引导小朋友通过攀爬触摸探索世界，感知活动的乐趣，在游戏中学习成长。橡胶场地外围种植连翘、黄杨等低矮灌篱，丰富场地色彩的同时也对儿童活动场地和外围绿化场地实施了软隔离，保证了儿童游玩时的安全性。

童趣森林鸟瞰

欢游园：这一节点主要为低龄儿童使用，场地内设置秋千、沙坑、攀爬木屋、旋转摇椅等游戏互动设施。考虑到低龄儿童玩耍的特殊性要求，在儿童游乐场地周边设置完善的休憩看护设施及林荫休憩场地，场地中几株大国槐撑起了整个欢游园的空间骨架。另外，在场地最核心地带设置一处森林小木屋保证童趣森林内家长舒适的看护体验。

雨水花园：在童趣森林的地势低洼之处种植鸢尾、红蓼、千屈菜、花叶芦竹、千佛草、山桃草等姿态各异的地被植物，配合大小错落的鹅卵石打造一处季节性旱溪，是一处儿童探知昆虫、地被植物的植物科普观赏场所。

场地中的种植应用了儿童喜爱的叶形、花形、果形等品种，吸引儿童的注意力，同时，选用具有较高安全性，无毒、无刺、无过敏源或无浓烈异味的植物种类进行种植；空间上以林下通透的疏林和开敞空间为主，便于家长看护儿童。

童趣森林实景

童趣森林实景

3.8.2 玉带花溪

“玉带花溪”位于玉带河东支沟两岸，全线长约3km，是一处展示东支沟沿岸风光的景观节点。项目所在地原为一处排水暗沟，场地内高压电塔和高压走廊密布，方案设计通过重新组织梳理水体两侧地形、分级组织游览路线、设置亲水平台、种植大片湿生及水生植物打造一条蓝绿交织的滨水景观带。

在满足防洪排涝功能的前提下，设计师统筹整理各种限制性条件，规避高压塔杆等市政设备，勾画出优美舒缓的自然河道走向，同时使游览系统与市政设施得到有效的隔离。在河道两岸构建水域和陆地间的过渡带，增加河道的断面形态，形成深潭、浅滩相间的弯曲河道形态，为水生昆虫及附着的藻类栖息、鱼类休憩、幼鱼成长、鱼类越冬等提供适宜的生境。

玉带河东支沟两侧的生态廊道建设以两岸的植被修复为重点，营建多样的水生植物群落。河道两岸片植樱花、海棠等春季粉色系亚乔木为主，展现色彩艳丽的春季景观；下层搭配不同层次的湿生、耐水湿植物，以初夏开花的蓝紫色系地被如鸢尾、马蔺为主，形成景观视线通透的开放空间，展现春夏花溪景观。

玉带花溪沿线设置有望水叠台、彩林叠翠、银红叠石三处景观节点，三处或亲水、或滨水的平台可供游人临水观望或近水体验。望水叠台位于玉带河东支沟北岸，平台错落下叠至水边，是玉带河东支沟的较佳观赏点和休憩平台，平台上间隔的种植带内种植紫薇、国槐等乔木，既能为游人遮荫也能满足在夏秋两季游人休憩时有花可赏。彩林叠翠上几处绿岛将游人从园路引到玉带河东支沟旁，通过石阶下行踏至水边，可赏水戏水，层层的景石与花草打造了一处自然野趣的景观节点。弧形的亲水平台分上下两层，红色矮墙下的花草缤纷多样，下行至亲水平台，摇曳的柳枝条映衬着河水轻轻摆动，为游人遮阳，是玉带河东支沟较佳的观赏点和休憩平台。

霜叶彩廊

玉带花溪实景